Vogel- und Futterhäuschen

Bauanleitungen | Vogelporträts | Winterfütterung

blv

EBERHARD GABLER

Was Sie in diesem Buch finden

Mein vogelfreundlicher Garten

Unsere Gärten sind unterschiedlich attraktiv für die Vogelarten. Vogelarm präsentiert sich der aus- und aufgeräumte Garten, die »gepflegte Wildnis« dagegen lockt die Gefiederten an. Hier finden sie reichlich Nahrung und Nistplätze. Auch Sie können durch einfache Maßnahmen Vögel in Ihren Garten locken.

Grundsätzliches zum naturnahen Garten

Ein Kleinod ist mein Garten, weil ich mir den Blick für die Schönheit der unberührten Natur bewahrt habe und behutsam nur mit Schere und Hacke eingreife, wo der Wildwuchs zu viel Schatten in meinen Garten bringt.
Wo die Natur ums Haus herum nicht ständig gestutzt und beschnitten wird, die Brennnesseln am Zaun Lebensrecht haben und über der kleinen, wilden Wiese sommertags sich das bunte Heer der Schmetterlinge, Käfer und Bienen tummelt, weil der Rasenmäher Salbei, Glockenblume, Margerite und blühende Gräser schont, finden Vögel und kleine Säuger Zuflucht und Lebensraum. Da überwuchern bunte Moose die Betonplatten der Wege und den hässlichen Asphalt, mit dem ich einst einen »sauberen Garten« gestalten wollte.
In seinem Laubennest unter dem Reisighaufen in der Gartenecke schläft der Igel, und auf der Sandsteinmauer sonnt sich die Zauneidechse. Da plantschen Rotkehlchen und Amseln im sonnenbeschienenen Wasserbecken oder erquicken sich im Sandbad nebenan; ich hatte mir feinen Flusssand besorgt und ihn in eine Bodenmulde geschüttet.
Die Nester der »badefreudigen Gefiederten« stehen im dichten Gebüsch, wo jährlich auch Grünfink, Mönchsgrasmücke und Gimpel brüten. Grauschnäpper und Zaunkönig verstecken ihre Nester zwischen den Efeuranken an der Hauswand, und das kunstvolle Moosnest des Buchfinken sitzt im Gezweig des Birnbaumes über der Wiese, wo auch andere Baumbrüter leben.
Das Brettchen, das ich unter dem Dach angeschraubt habe, ermuntert die Bachstelze zum Nestbau dort und in einer Mauernische füttert der Hausrotschwanz seine Jungen.
Nicht alle, die mein Gartenparadies aufsuchen, sind hier zu Hause. Aber sie finden hier Nahrung in Fülle und Geborgenheit. So auch die Blindschleichen, die aus einem Nachbargarten den gefährlichen Weg über die rege befahrene Straße wagen. In jedem Sommer finde ich überfahrene Tiere und jene, die es schaffen, meine kleine Wildnis schadlos zu erreichen, um Schnecken und kleine Insekten zu jagen, fallen leider dem Igel zum Opfer. Einmal schlug der Turmfalke aus dem »Rüttelflug« heraus eine Blindschleiche und trug sie fort. Die ich entdecke, nehme ich auf und trage sie in »ihren Garten« zurück.
Ich baue Nistkästen aus Fichtenholz, weil es ein »warmes Holz« ist, Höhlen für Meisen und Kleiber sowie Halbhöhlen für die in Nischen brütenden Vögel, und platziere sie mardersicher im Garten; die Meisennistkästen an den Bäumen, die Halbhöhlen am Haus und am Geräteschuppen. Wo es möglich ist, installiere ich die Nistkästen so, dass die Einfluglöcher nach Süd-Südosten ausgerichtet sind. Das ist ein Regenschutz und die Nachmittagsonne »heizt« die Frontseite der Höhlen nicht auf.
Willkommen sind alle in meinem Garten, der ein Teil im Ökosystem ist wie der hohe Wald nebenan. Naturnah gestaltet bietet er zahllosen Tierarten eine Nische zum Leben und

Mein vogelfreundlicher Garten ist eine »gepflegte Wildnis«, in der sich Tier und Mensch wohlfühlen.

zum Überleben, den Vögeln, den Insekten, den kleinen Vierbeinern und den Kriechenden in Gras und Laub.

Mein Garten im Winter

Die Standorttreuen unter den Gefiederten beleben auch im Winter meine »gepflegte Wildnis« ums Haus, wo das Futterhäuschen katzensicher etwa 1,50 Meter hoch steht und die Futtergaben sauber und trocken angeboten werden. Haben die Bäume ihr Laub abgeworfen, erkenne ich in den Zweigen die Nester der Heimlichen, deren Stimmen ich im Sommer vernehme, die sich aber im dichten Laubdach des Gartens verstecken: Stieglitz, Girlitz und Kernbeißer.

Wenn dann ein paar Zentimeter hoch der Schnee auf der Wiese und den Wegen liegt, ist mein Garten ein »Fährtenbuch«, das mir die Anwesenheit heimlicher Gäste oder Bewohner verrät. Da geht an der Mauer entlang die Spur des Hermelins und, wesentlich kleiner, jene des Mauswiesels. Der Fuchs schlüpft in der Nacht unter dem Gartentor hindurch und »schnürt« in gleichmäßigem Tritt kreuz und quer durch den Garten und die Spur der

Hauskatze führt zum Komposthaufen, in dessen Wärme die Mäuse hausen. Nacht für Nacht ist der Steinmarder in meinem Garten unterwegs, von Strauch zu Strauch, am Zaun entlang, wohl auf der Suche nach schlafender Beute, einer Amsel vielleicht?
Am Tage dann sind die Eichhörnchen emsig damit beschäftigt, die im Herbst versteckten Haselnüsse aus der Erde zu scharren. Jene, die sie nicht wiederfinden, erfreuen mich als zarte Bäumchen im Sommer, die ich in meine Vogelschutzhecke einpflanze oder ihnen ein anderes Fleckchen im Garten gewähre.
Aber es gibt auch Tage, die unheimlich still sind in meinem Garten! Keine Vogelstimme, kein Geflatter der Gefiederten im Gebüsch, nur Schweigen. Dann war der Sperber da. Wenn der noch weit entfernt vom Garten auftaucht, warnen die Kohlmeisen mit einem einzigartigen, schrillen Pfiff und alles, was Flügel hat, verschwindet augenblicklich im dichten Busch. Es kann eine Stunde und länger dauern, bis der erste kleine Vogel sich wieder an die Fütterung wagt. Das Häuflein Federn einer Amsel, einer Meise, zeugt vom Jagderfolg des kleinen Greifvogels. Ist Natur, denke ich und tröste mich damit, dass das Ökosystem funktioniert!
Der alte, bemooste Apfelbaum, der inmitten der Wiese steht und von Jahr zu Jahr weniger Früchte trägt, ist ein einzigartiger Lebensraum vieler Tiere, Winzlinge darunter. Als neulich ein morscher Ast abbrach, überraschte mich ein Gewimmel von kleinen Tieren in dem feuchten und schwammigen Holz, Hunderte Asseln, Tausendfüßer, Ameisen und deren Puppennester, winzige, weiße Käferlarven, an denen sich sofort das Rotkehlchen, das stets in meiner Nähe ist, sättigte.
Der morsche Ast bleibt liegen! Er soll dort vermodern und in die Natur wieder übergehen. In der alten Grauspechthöhle oben in der Baumkrone zogen Feldsperlinge ihre Brut auf. Das Nest war ein großer Federknäuel, der zum Teil aus der Höhle heraus hing, liederlich, aber warm. Ein Kleiberpaar wohnte darunter zum zweiten Male und Mauerbienen hatten die Bohrlöcher der Holzkäfer für ihre Brut gewählt; die Löcher haben sie mit Lehm und Pollen verschlossen. In den Larvenkammern gedeihen sicher und geborgen die Eier, bis die erste, wärmende Märzsonne die neue Bienengeneration herauslockt.

Was kann ich noch zur Vogelansiedlung in meinem Garten tun?

Aus dem Wald brachte ich ein gewölbtes Rindenstück mit. Das binde ich an den Stamm des Apfelbaumes als Nisthilfe für die Baumläufer; diese flinken, borkenfarbigen Baumkletterer mit den langen, gebogenen Schnäbeln, die es ihnen ermöglichen, Insekten auch aus tiefen Spalten herauszuholen.
Ein Vogelschutzgehölz will ich im Herbst anlegen, entlang des rostigen Drahtzaunes, der mich lange schon stört. Für die freibrütenden Waldohreulen, die im Vorjahr auf einem alten Krähennest im Nachbargarten vier Junge aufzogen, will ich im Wipfel des Ahornbaumes einen Korb mit einem Moos-Gras-Nest als Nistunterlage anbringen. Im Winter fand ich viele Gewölle dieser schönen Eulen unter

Alte Obstbäume sind wertvolle Lebensräume für Vögel, Insekten und Kleinsäuger.

ihrem Schlafbaum, einer dichtastigen Blautanne.

Ich pflanze Heckenrose (Rosa canina), Brombeere (Rubus fruticosus), Weißdorn (Crataegus monogyna), Waldrebe (Clematis vitalba), Schlehdorn (Prunus spinosa) und Traubenkirsche (Prunus padus). Ist die Hecke herangewachsen und im Wuchs geschlossen, bietet sie Nistmöglichkeiten für Grasmücke, Grünfink, Hänfling, Amsel und Girlitz und Beerennahrung für Wintervögel.

Das Reisig vom winterlichen Obstbaum sowie den Heckenschnitt setze ich locker als »Vogellaube« auf und stabilisiere das Ganze mit einem grobmaschigen Drahtgeflecht, eine Schutzmanschette, die Marder und Katze von Vogelbruten abhält. Die Vogellaube bietet sich Zaunkönig und Rotkehlchen als sicherer Nistplatz an.

Nun fehlt noch eine locker aufgesetzte Trockenmauer mit vielen unterschiedlich großen Hohlräumen. Vielleicht kann ich damit Hausrotschwanz und Bachstelze weitere Nistmöglichkeiten anbieten?

Den großen wie den kleinen Garten vogelfreundlich zu gestalten, erfordert nur ein klein wenig Mühe und Wissen um die Bedürfnisse der Bewohner. Die bunte Vogelschar und viele andere krabbelnde, hüpfende, kriechende und schwirrende Tiere werden uns mit ihrer Lebendigkeit im Sommer und im Winter belohnen.

Vogeltränke und -bad

Die kleine Pfütze neben der Straße war es, die mich zum Bau einer Vogeltränke in meinem Garten veranlasste. Amseln und eine große Spatzenfamilie plantschten nach einem warmen Juniregen in dem flachen Wasser, dass es eine Freude war zuzusehen, wie sie sich dem Genuss des Bades, ungeachtet des regen Autoverkehrs in der Nachbarschaft, ergaben. Später gesellten sich Buchfinken und ein Rotkehlchen hinzu.

Eine flache Zementschale entstand auf der Wiese 2 m vom Gebüsch entfernt und 5 cm tief in der Senke. Kaum hatte ich sie mit Wasser gefüllt, herrschte sofort reger Badebetrieb. Alle Vögel meines Gartens stellten sich ein und aus den Nachbargärten kamen bald weitere Gäste.

So wichtig für die Gefiederpflege wie das Vogelbad ist die flache Kiste mit sauberem Flusssand, den man mit Vogelsand aus dem Zoogeschäft vermischt. An sonniger Stelle im Garten platziert, wird sie gar bald von den Gefiederten aufgesucht. Im Sandbad werden sie die lästigen Parasiten los. Man vergesse aber nicht, in den Boden der Sandkiste mehrere Löcher zu bohren, damit das Regenwasser wieder abfließen kann und der Sand schnell trocknet.

Sandstein-Vogeltränke mit niederer Umpflanzung.

Eine flache Schale als Vogelbad sollte stets mit Frischwasser gefüllt sein.

Spechte, Eichelhäher und andere suchen zudem die Burgen der Waldameisen auf, um sich »einzuemsen«, d.h. mit dem Ameisensekret die Plagegeister in den Federn zu bekämpfen.

Beim Bau eines Vogelbades sind der Fantasie keine Grenzen gesetzt, doch sollte es ein Flachwasserbecken sein, damit Jungvögel darin nicht ertrinken (maximale Wassertiefe etwa 5 cm). Auch eine flache Randung ist anzuraten, damit die gefiederten Gäste behutsam ins Wasser gelangen können. Natürlich sollte die Oberfläche etwas rau und nicht spiegelglatt sein.

Man kann ein solches Vogelbad leicht in den Boden einsenken, sodass es sich harmonisch in den Garten einfügt. Nicht zu tief, damit keine Erde eingetragen wird.

Besuchen Katzen den Garten – auch sie haben Hausrecht –, befestigt man das gelungene Werk allerdings besser 1 m hoch auf einem Pfahl oder einem stabilen Gerüst, das Vogelfeinden den Aufstieg nicht erlaubt.

Die Frischwasserversorgung richtet sich nach der Witterung, sollte aber an heißen Sommertragen des Öfteren erfolgen, wobei man Verunreinigungen, Vogelkot, Federn und Ähnliches entfernt. Je größer das Wasserbecken, umso länger bleibt das Wasser frisch!

Formschöne Vogelbäder bietet der Fachhandel an, doch ist der Eigenbau von besonderem Reiz.

Nisthilfen

Beim Bau künstlicher Nisthilfen berücksichtigen wir die Nistgewohnheiten der Gartenvögel. Einige bevorzugen Vollhöhlen mit geringem Lichteinfall, andere wieder lieben es hell am Brutplatz und bauen ihre Nester in Nischen oder halboffene Nisthöhlen. Neben den Bauanleitungen finden Sie in diesem Kapitel Tipps zur Aufhängung und Kontrolle von Nistkästen.

Warum Nistkästen wichtig sind

Viele Vögel bewohnen Höhlen oder Nischen. Sie brüten darin und pflegen dort ihre Kinderstube, suchen die Höhlen aber auch als sicheren Schlafplatz auf, der ihnen im Winter Schutz vor Kälte bietet.
Während die Spechte ihre Bruthöhlen selber zimmern, sind die anderen Höhlenbrüter als »Nachmieter« auf deren Baumhöhlen angewiesen. In Garten, Park und Wald sind das vor allem die Meisen, Fliegenschnäpper und Sperlinge sowie Kleiber, Gartenrotschwanz und Wendehals, die Höhlen von Bunt-, Mittel- und Kleinspecht bewohnen.
Star und Wiedehopf suchen die größeren Höhlen von Grün- und Grauspecht auf, vor allem dort, wo diese sich außerhalb des geschlossenen Waldes anbieten. Der Schwarzspecht, der größte unserer Spechte, schafft Wohnraum für Hohltaube, Dohle, Raufuß- und Waldkauz.
Weiden- und Haubenmeisen sind in der Lage, morsches Innenholz der Bäume auszumeißeln und auf diese Weise selbst brutgerechte Höhlen zu bauen.
Alte, absterbende Bäume aber werden im Wirtschaftswald nicht geduldet und als »Gefahrenquelle« in Garten und Park ausgeräumt. Dadurch gehen aber auch die wichtigsten natürlichen Brutgelegenheiten der in Höhlen oder Nischen brütenden Vögel verloren.
Die Lebensräume unserer Vögel unterliegen einer ständigen strukturellen Veränderung. Geschieht das auf natürliche, zeitlich begrenzte Weise, etwa durch Sturm- oder Feuerschäden, werden sich die betroffenen Populationen bald erholen. Jede in ihrer Lebensgrundlage gesicherte Vogelpopulation verkraftet natürliche Einbrüche.
Dauerhaufte Biotopveränderungen durch Industrie, Siedlungs- und Straßenbau oder ähnliche Eingriffe in die Landschaft rauben dagegen vielen Arten die Lebensgrundlage, was sich negativ auf deren Fortpflanzungs- und Bestandsrate auswirkt. Empfindliche Arten sterben schließlich aus und die Artenvielfalt geht verloren.
Inhalt gezielter Vogelschutzmaßnahmen ist deshalb die Schaffung geeigneter Brutplätze, z. B. Nistkästen für Höhlen- und Nischenbrüter. Dies sollte vornehmlich in kleinen und großen Biotopen geschehen, die den siedelnden Arten auch ausreichend Nahrung bieten. Nistplatz und Nahrung regulieren die Populationsdichte der unterschiedlichen Vogelarten. Auch aus diesem Grund ist es wichtig, im eigenen Garten Vielfalt und Wildwuchs zuzulassen. Samen und Früchte sowie zahllos sich ansiedelndes Kleingetier sind wichtige Nahrungsgrundlage der Vögel. An Eiweiß reiche Insekten, Spinnen und Würmer dienen insbesondere zur Jungenaufzucht, Beeren und Sämereien stehen vor allem im Herbst reichlich zur Verfügung. Viele Arten stellen – diesem natürlichen Angebot folgend – ihre Ernährung sogar im Jahresrhythmus um.
Unsere höhlenbrütenden Vögel sind überwiegend Insektenesser und damit unverzichtbare

Ein fast flügger Jungstar bettelt um Futter.

natürliche Helfer des Menschen im Kampf gegen Schadinsekten. Die Meisenansiedlung durch das Anbringen von Nistkästen in insektengefährdeten Forstkulturen ist heutzutage eine Selbstverständlichkeit, weil die Vögel in der Lage sind, vorbeugend gegen das Massenauftreten bestimmter Forstschädlinge zu wirken.

Die Vogelbeobachtung am Nistkasten ist für den von der Hektik des Alltags geplagten Menschen eine Wohltat, ein die Gesundheit fördernder emotionaler Ausgleich. Badeärzte und Therapeuten verschiedener Kurkliniken bestätigen Erfolge bei der Behandlung seelischer Leiden der Patienten durch die intensive Vogelbeobachtung am Nistkasten; sie prägten das Wort vom »therapeutischen Vogelschutz«.

Für Kinder sind nistkastenbewohnende Vögel im Garten und am Haus oft der erste Kontakt mit der lebendigen Natur und vielleicht die Basis für spätere, mit Freude durchgeführte Naturschutzmaßnahmen, vorausgesetzt, Erwachsene leiten und führen mit Geschick und Feingefühl und geben eigene Kenntnisse und Erfahrungen weiter.

Alles Gründe für den Vogelfreund, Nistkästen in seinem Garten anzubringen.

Grundsätzliches zu den verschiedenen Systemen

Der Nistkasten hat eine lange Geschichte. Schon 1760 entstanden künstliche Nisthöhlen für Meisen in abenteuerlichen Formen und oft bunt bemalt. Sie waren mehr Spielerei als von Nutzen für die Vögel.
Erst Freiherr von Berlepsch beschäftigte sich um 1890 wissenschaftlich mit der künstlichen Nisthöhle, wobei er die natürliche Buntspechthöhle als Vorbild nahm. Es entstanden Nistkästen aus Baumstämmen, die im Inneren der Buntspechthöhle ähnelten. In der Folgezeit ermittelte man Maße für die unterschiedlichsten höhlenbrütenden Vögel und erprobte Systeme die später industrieell verfeinert und ergänzt wurden.

Ein Meisen-Nistkasten als Beispiel für eine Vollhöhle; hier bewohnt von einer Blaumeise.

Grundsätzlich hat jede Art ganz spezielle Ansprüche an ihren Brutplatz. Das bezieht sich einerseits auf die Konstruktion des Nestes, etwa frei im Geäst oder verborgen in einer Höhle, andererseits auch auf seine Lage, etwa am Boden, in luftiger Höhe, geschützt an einem Stamm oder einer Wand. Manche Arten brüten nur in Wäldern, andere bevorzugen den Waldrand oder Hecken, wieder andere Wiesen, Ackerflächen, Ufer oder Kiesbänke.
In diesem Buch beschäftigen wir uns vorrangig mit den Arten in unseren Gärten und Parks, von denen viele ursprünglich Bewohner von Wäldern oder Waldrändern waren. Nur Arten, die von Natur aus (Baum-)Höhlen oder Nischen als Brutplatz nutzen, werden auch unsere Nistkästen annehmen. Anderen Arten können wir durch besondere Maßnahmen helfen, etwa Nisttaschen oder Schutzreisig (siehe S. 27/28). Allen Arten – und vielen ausschließlich – kann aber geholfen werden, wenn wir ihre natürlichen Lebensräume (Biotope) schützen und/oder erhalten.
Grundsätzlich werden zwei Nistkastentypen unterschieden. Den geschlossenen mit einem Flugloch oder zwei Fluglöchern bezeichnet man als Vollhöhle, den Nistkasten mit halb geöffneter Vorderwand als Halbhöhle.
Die Brutvögel dieser Nistkästen sind im Kapitel »Die Bewohner« gesondert aufgeführt.
Hinweise zu den besten beziehungsweise richtigen Aufhängeorten der Kästen werden ab Seite 53 gegeben. Hier soll aber zunächst der Nistkastenbau behandelt werden.

Vollhöhle beziehungsweise geschlossener Nistkasten für Höhlenbrüter.

Die natürliche Nisthöhle des Großen Buntspechtes, die Freiherr von Berlepsch als Vorbild für seine Baumhöhlen nahm. Links Weibchen, rechts oben Männchen (mit rotem Hinterkopf), rechts unten ausgeflogener Jungvogel (mit roter Stirn).

Halbhöhle oder Nischenbrüter-Nistkasten.

Tipps zum Bau von Holznistkästen

Voraussetzung zum Bau von Nistkästen sind geeignete Räumlichkeiten, in denen man ungehindert arbeiten kann, sowie gute Geräte und abgelagertes, trockenes, möglichst ungehobeltes, raues Holz in der Brettstärke von 20 mm.

Bei der Wahl des Holzes entscheidet man sich für Nadelhölzer. Fichte, Tanne und Kiefer haben sich bei der Bearbeitung bewährt und gelten als »warme Hölzer«. Hartes Holz garantiert eine längere Haltbarkeit, ist aber teurer.

Man achte darauf, dass die Bretter des Kasteninnenraumes rau sind. Das erleichtert den Jungvögel das Klettern und Festhalten am Holz.

Blaumeise füttert 13 Tage alte Junge.

Als Aufhängung des Nistkastens wählt man eine Hartholz-Halteleiste mit Zinkblechscheiben um die vorgebohrten Nagellöcher über und unter dem Nistkasten. Auf diese Leiste wird der fertige Kasten aufgeschraubt oder -genagelt. Wenn man beabsichtigt, den Nistkasten frei schwebend am Baum aufzuhängen, bringt man je eine Öse an den Außenwänden des Nistkastens an zur Befestigung eines Drahtbügels.

Jeder Nistkasten sollte sich zur Kontrolle und zur herbstlichen Reinigung problemlos öffnen lassen. Dazu kann man die Vorderklappe oben beidseits mit Metallstiften (z. B. kräftigen, kurzen Nägeln) in den Seitenwänden verankern, indem die Stifte von außen durch die Seitenwand bis in die Klappe getrieben werden (siehe Konstruktionszeichnung). Dabei sollten jederseits zwischen Klappe und Außenwand 2 mm Spielraum verbleiben, da feuchtes Holz quillt und die Klappe dann klemmt. Die Vorderwand wird unten mit einem Reiberhaken gesichert, damit sie nicht aufspringen kann.

Ein anderer Weg, die Kontrolle eines Nistkasten zu ermöglichen, ist es, die Dachplatte hinten mit zwei Scharnieren an der Rückseite zu befestigen, sodass sie hochgeklappt werden kann. In diesem Fall sichert man das Dach seitlich mit einem Haken ab. Allerdings muss der Nistkasten bei der herbstlichen Reinigung abgehängt werden, um alle Verunreinigungen zu entfernen.

Sitzstangen an der Vorderklappe unterhalb des Flugloches erleichtern dem Vogel das Einfliegen, sind aber nicht erforderlich, da die Höhlenbrüter gute Kletterer und Turner sind.

Um das Erweitern des Flugloches durch Spechte, Meisen oder Nager zu vermeiden, nagelt man ein passendes Zinkblech auf.
2 oder 4 Löcher im Boden von etwa 5 mm Größe sollten in allen Kastentypen für Durchlüftung und Trockenheit sorgen!
Bei der Formgebung des Eigenbau-Nistkastens sind der Phantasie keine Grenzen gesetzt. Der Viereckkasten ist die bekannteste Form, doch hat sich in der Praxis auch der Dreieckkasten bewährt.
Die Größe des Nistkastens spielt keine entscheidende Rolle, sollte aber der Größe der Bewohner angemessen sein. Bewährt haben sich Maße, wie sie in den verschiedenen Bauanleitungen dieses Buches wiedergegeben sind.
Entscheidend für die Besiedlung eines Kastens ist allerdings die Art des Einflugloches. Hier bevorzugen die verschiedenen Arten jeweils eine ganz bestimmte Größe, die ihrer Körperform und ihrem Verhalten angemessen ist (vgl. Tabelle rechts). Man beachte, dass einige Arten ovale Einfluglöcher bevorzugen (vgl. den jeweiligen Text).
Noch ein Hinweis zur Möglichkeit der Imprägnierung des Nistkastens mit Holzschutzmitteln. Man lasse sich durch Verträglichkeitsprüfungen bezüglich der Anwendung von Holzschutzmitteln nicht täuschen. Allein die Auflistung verschiedener, vielfach gefährlicher Inhaltsstoffe sollte jeden ermahnen, Eigenbau-Nistkästen nicht zu imprägnieren. Die Naturhöhle ist auch nicht imprägniert! Holz ist natürlich gewachsener Rohstoff und die Witterung verleiht dem Nistkasten bald unauffällige, natürliche Farbe.

Die Fluglochweiten der Vollhöhlen und ihre Bewohner

27–28 mm	Blaumeise
32–34 mm	alle anderen Meisen, Kleiber, Wendehals
50 mm	Star
60 mm	Wiedehopf
80 mm	Hohltaube, Dohle, Steinkauz, Stein-, Sperlings- und Raufußkauz
120–130 mm	Waldkauz
150 mm	Schellente, Gänsesäger
64 × 32 mm	Mauersegler
80 × 40 mm	Baumläufer
120 × 150 mm	Schleiereule

Der Fantasie sind keine Grenzen gesetzt: als »Vogelhäuschen« gestalteter Nistkasten mit aufklappbarer Vorderwand.

Schüler beim Nistkastenbau in der Schulwerkstatt.

Vogelschutz mit Kindern

Besonders lohnend ist es, Kinder für den Vogelschutz zu begeistern. Der Bau von Nistkästen und Futterhäuschen im Werkunterricht in der Schule oder in einem Umweltschutzzentrum bietet sich dafür an, vorausgesetzt, fach- und sachkundige Berater stehen zur Verfügung. Wichtig ist aber auch, die Schülerinnen und Schüler vor Beginn der praktischen Arbeit mit dem Gesamtkomplex Naturschutz/Vogelschutz vertraut zu machen.
Was können wir tun, um Vögel im Garten, im Wald, im Park anzusiedeln? Geeignete Nistkästen für die unterschiedlichen Arten und ihre Bedürfnisse zu bauen, ist der erste Schritt.
In der Natur ermitteln wir den günstigsten Aufhängeort für die Vogelwohnungen und die jungen Vogelschützer erfahren, was beim Anbringen der künstlichen Höhlen zu berücksichtigen ist: Wie hoch soll die Nisthöhle angebracht sein, Fluglochrichtung und vieles mehr.
Hängen die Nistkästen und sind sie von den Vögeln als Brutplatz angenommen, so bieten sie den jungen »Wohnungsbauern« einzigartige Beobachtungsmöglichkeiten. Dass die

Schüler auch die Sommerkontrollen und die herbstliche Nistkastenreinigung durchführen, ist eine Selbstverständlichkeit. Der Fantasie beim Bau von Futterhäuschen und Futtersilos sind keine Grenzen gesetzt; doch sollte beim Bau derselben Schnee- und Regensicherheit vor Schönheit stehen. Die Futtergaben müssen trocken liegen und die Vögel gesund über die Notzeit kommen.

Die Naturschutzarbeit der Schülerinnen und Schüler erschöpft sich also nicht beim Gerätebau in der Werkstatt. Sie legen Reisighecken, pflanzen gemischte Vogelschutzhecken in Schulgärten und in Abstimmung mit den örtlichen Bauämtern auch in öffentlichen Anlagen. Sie gestalten Vogeltränken und beteiligen sich an Vogelzählungen, die von den Vogelwarten oder Naturschutzverbänden durchgeführt werden.

Wichtig ist, dass der Naturschutzgedanke in der Familie und in der Schule ernst genommen und gefördert wird. Arbeiten im Naturschutz, so etwa im Vogelrevier, sind nicht nur Hobby und Spielerei, sondern Einsatz zum Erhalt einer bunten Fauna. Wer sich hier engagieren möchte, findet Ansprechpartner in Naturschutzzentren, Vogelschutzvereinen und Naturschutzverbänden.

Das Anbringen der fertigen Nistkästen in einem Vogelschutz-Lehrrevier macht allen Beteiligten viel Spaß.

Nisthilfen für Schwalben

Schwalben benötigen zum Nestbau Lehm und nasse Erde. Schlick- und Lehmpfützen aber sind in unseren Dörfern und Städten selten geworden. Wo Schwalben noch vorkommen, kann man künstliche Lehmpfützen anlegen: Wasserstellen, die regelmäßig feucht gehalten werden. Hier finden Mehl- und Rauchschwalben noch Baumaterial.
Die Schwalbenansiedlung ist auch durch Anbringen künstlicher Schwalbennester aus

Mehlschwalbe an künstlichem Nest (Holzbeton).

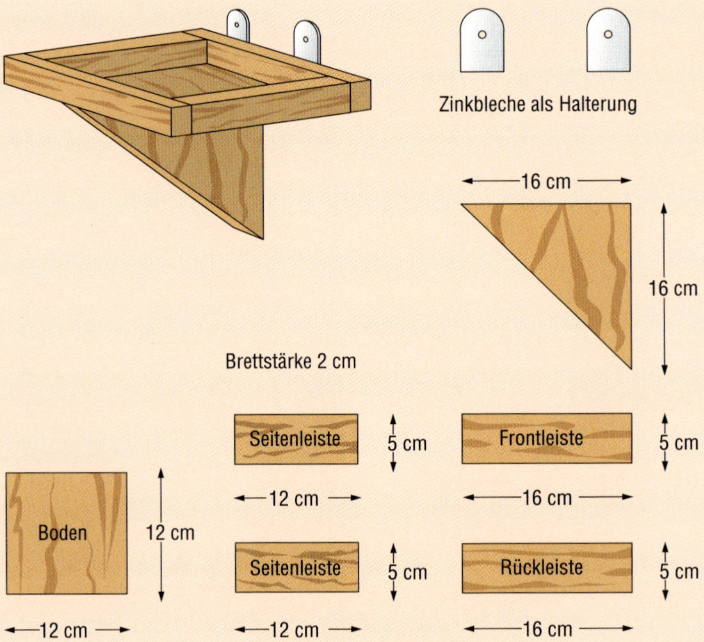

Nistbretter für Rauchschwalben können nach diesem Plan leicht zusammengebaut werden.

Rauchschwalbe an ihrem Eigenbau-Lehmnest, das sie auf einem Nistbrettchen angelegt hat.

Holzbeton möglich. Der Fachhandel bietet für Mehlschwalben zwei Ausführungen an: Nester zum Öffnen zwecks Reinigung und geschlossene. Man sollte aber unter dem Hausdach in jedem Fall mehrere Kunstnester anbringen, da Mehlschwalben Koloniebrüter sind.

Um ein Verschmutzen der Hauswand durch Vogelkot zu vermeiden, bringt man ca. 30 cm unterhalb der Mehlschwalbennester ein 15–20 cm breites Kotbrettchen an; unauffällig, wenn man es im Farbton der Hauswand gestaltet.

Auch die oben offenen Kunstnester für die Rauchschwalbe, die in Kuh- und Pferdeställen, Scheunen und alten, ruhigen Gebäuden auf Balken und Mauervorsprüngen nistet, sind im Fachhandel erhältlich. Man kann aber auch kleine Nistbrettchen selbst basteln und aufhängen, auf denen dann die Rauchschwalbe ihr Nest mörtelt. Will man dieser schönen Vogelart eine Heimat bieten, so muss für eine dauerhafte Einflugmöglichkeit in einem Fenster oder in der Türe gesorgt sein. Schwalben kehren als Zugvögel im April in ihre Brutgebiete zurück. Vorbereitungen zu ihrer Ansiedlung sollten im zeitigen Frühjahr abgeschlossen sein!

Diese Rauchschwalbe füttert ihre 2 Wochen alten Jungen im künstlichen Nest aus Holzbeton.

Gewerblich gefertigte Kästen

Neben dem klassischen Holznistkasten für Meisen entwickelten Vogelfreunde im Rahmen langjähriger Forschungsarbeiten in Instituten und Versuchsanlagen die Holzbetonhöhle für die verschiedenen Höhlen- und Nischenbrüter. Sie wird heute im Fachhandel angeboten und garantiert eine längere Haltbarkeit als der Holznistkasten. Die Holzbeton-Nistkästen sind heutzutage weltweit verbreitet und unterstützen Vogelfreunde in ihrem Bemühen, die Bestände bedrohter Höhlenbrüter zu erhalten oder dort wieder anzusiedeln, wo die Landschaftszerstörung ihnen den Lebensraum nimmt oder schmälert.
Auch genormte Holzbeton-Niststeine für Höhlen- und Nischenbrüter sind im Fachhandel erhältlich. Sie eignen sich zum Einbau in Gartenmauern, Hauswänden und an Brücken. Herausnehmbare Teile ermöglichen auch hier Kontrolle und Reinigung der Höhlen.

Kohlmeise an frei schwebendem Nistkasten aus Holzbeton (Vollhöhle).

Holzbeton-Meisen-Nistkasten mit Einflug-Vorbau als Marderschutz.

Andere Nisthilfen für Vögel

Auch Reisig-Nisttaschen, Nistbüschel und Nistkugeln sind für einige Vogelarten willkommene Nistplätze, die sich ohne großen Aufwand fertigen lassen.
Für die Nisttasche verwendet man frisch geschnittene Birkenruten von ca. 1 m Länge. Sie lassen sich problemlos biegen. Man fügt die etwa gleich langen Ruten zu einem Büschel zusammen und befestigt es an einem Ende mit Draht an einem Baum, sodass das Büschel zunächst herabhängt. Den herabhängenden Teil biegt man sodann nach oben und befestigt ihn ebenfalls am Baum, sodass sich zwischen Baum und Birkenruten eine Tasche bildet (vgl. Grafik). Die Bindehöhe vom Boden sollte etwa 1,70 m betragen.
Häufig werden auch Fichten und Kiefernzweige zum Anfertigen von Nisttaschen empfohlen. Diese sind allerdings weniger geeignet, denn sie verlieren ihre Nadeln, die auf das Gelege und die Jungvögel fallen. Die offenen Seiten der Nisttasche kann man jedoch mit Fichtenzweigen »verblenden«; deren Nadeln fallen nicht in die Nestmulde. Insbesondere Nischenbrüter wie der Zaunkönig nisten gern in derartigen Taschen, aber auch Amseln, Singdrosseln, Rotkehlchen und sogar Grünlinge legen ihr Nest darin an.
Nistbüschel sollen Freibrütern eine geeignete Unterlage bieten, auf der sie ihr Nest anlegen können. Zum Binden des Nistbüschels kann man alle dichtblättrigen Zweige verwenden. Man bindet das Büschel wie einen Blumenstrauß und befestigt es ebenfalls ca. 1,70 m hoch an einen Baum.

Anbringen einer Nisttasche:
a) Die gleich langen Birkenruten werden hängend am Baum mit Draht festgebunden.
b) Das ganze Büschel wird nach oben gebogen und dort ebenfalls mit Draht befestigt.
c) Die offenen Seiten mit Fichtenzweigen verblenden. Gegen Nestplünderung kann Maschendraht um die Nisttasche gelegt werden (siehe hierzu auch das Foto auf Seite 55).

Eine mit Fichtenreisig verblendete Nisttasche mit brütender Amsel.

Beide Nisthilfen kann man vor Eichhörnchen, Marder, Katze, Elster und Eichelhäher mit Maschendraht schützen, den man mit einem Abstand von etwa 10 cm um die Nisthilfe legt. Die Maschenweite sollte so gewählt werden, dass die Brutvögel problemlos durchschlüpfen können.

Bewährt hat sich zur Vogelansiedlung auch die Nistkugel aus einem grobmaschigen Drahtgeflecht, das zur Kugel geformt wird. Der Durchmesser ist der Phantasie überlassen, doch sollte er für die Amsel nicht unter 30 cm liegen. An die Innenwände legt man einen zweischichtigen Mantel aus Fichten-, Tannen- oder Eibenzweigen. Die Nistkugel hängt man frei schwebend an geeigneter Stelle im Garten auf.

Als Brutvögel in den beschriebenen Nisthilfen wurden Amsel, Singdrossel, Zaunkönig, Rotkehlchen, Grünling, Hänfling und selten Bachstelze beobachtet.

Schutzreisig für die Vögel im unterholzarmen Wald oder Garten.

Schutzreisig als Unterschlupf für Vögel

Vögel siedeln bevorzugt in gebüschreichen Gärten und Parks und unterholzbestandenen Wäldern, wo sie bei reichlicher, abwechslungsreicher Nahrung Unterschlupf und Schutz vor Feinden finden.

Beim Anbringen von Nistkästen achte man darauf, dass der freie Anflug zur Höhle gewährleistet, aber auch Gebüsch in der Nähe des Nistkastens, der Nistrinde oder der Nisttasche vorhanden ist.

Wo Strauchpflanzungen nicht möglich sind, zum Beispiel auf großflächigen Obstwiesen oder im Hochwald, setzt man lockere Reisighaufen auf, die, geht man dabei sorgfältig um, das Gesamtbild einer Anlage keinesfalls stören.

Bei Auftauchen von Flugfeinden, Sperber, Habicht oder Falke, suchen die Futter tragenden Altvögel sofort das Gebüsch auf und die flüggen Jungvögel finden nach dem Verlassen des Nestes (der Höhle) dort einen sicheren, bei Sonne auch Schatten spendenden Platz.

Im Spätsommer sind die Reisighaufen im Inneren zum Teil stark »bekalkt«, also mit Vogelkot bekleckst, was auf ein reges Vogelleben hinweist.

Der Fledermaus-Flachkasten

Jede Holzart ist zum Bau eines Fledermauskastens geeignet, doch sollte nur eine Brettseite gehobelt sein. Die Innenflächen des Kastens müssen sägerau sein, damit die Fledermäuse daran Halt finden. Man kann aber auch zusätzlich Quernute in die Rückwand innen einfräsen, an denen sich die Tiere einhaken können. Die Mindestbreite eines Kastens beträgt 50 cm. Sie kann aber auch die Breite einer Hauswand einnehmen, ideal für die Tiere, die bekanntlich bevorzugt in Kolonien leben. Das Dach des Kastens kann, wie es die Konstruktionszeichnung zeigt, sowohl waagrecht abschließen als auch abgeschrägt sein, was allerdings etwas mehr Bastelgeschick erfordert.

Fledermäuse sind zugluftempfindlich. Jede Höhle muss deshalb sorgfältig verarbeitet sein, d. h. sie darf keine Risse oder Spalten aufweisen. Die Anbringung am Haus erfolgt der Wetterseite abgewandt. Süd-Südost mit der Erwärmung des Kasten durch die schwache Vormittagssonne ist empfehlenswert. Lange Sonnenbestrahlung heizt den Kasten auf, was bei einem Innenraum von nur 5 cm Breite von der Außen- zur Rückwand für die Tiere lebensbedrohlich werden kann.

Freier Anflug sollte gewährleistet sein und der Kasten nicht im Kronengezweig eines Baumes hängen. Halbschattig und windstill ist der ideale Platz!

Fledermausschutz ist auch durch den Einbau von Lüftungsziegeln im Hausdach möglich. Ebenso hilft es den Fledermäusen, wenn zur Abwehr von Tauben notwendige Verdrahtungen in Kirchentürmen ein klein wenig geöffnet werden; eine Öffnung von 3 × 6 cm genügt, um den Fledermäusen Einlass in das Gebäude zu verschaffen.

Im Fachhandel sind Fledermauskästen in vielerlei Ausführungen zu bekommen.

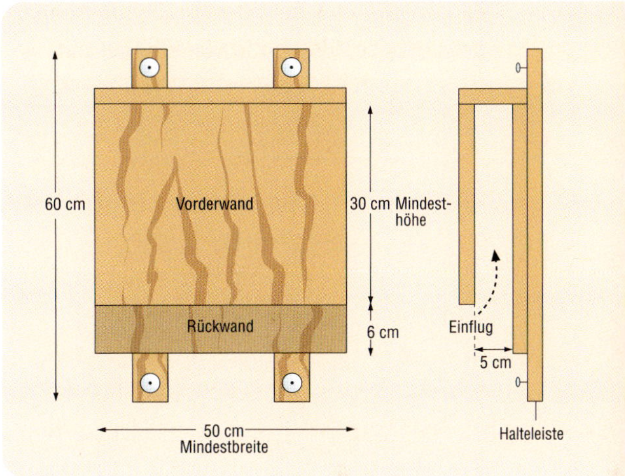

Bauschema für einen Fledermauskasten. Damit sich die Tiere leichter anhängen können, kann man Quernute in die Rückwand einfräsen.

Fledermäuse siedeln bevorzugt in Kolonien. Deshalb sollten möglichst mehrere Nistkästen dicht nebeneinander angebracht werden.

Klassischer Meisen-Nistkasten

Die Vollhöhle ist geeignet für folgende Arten: Blaumeise (27–28 mm Fluglochgröße), alle anderen Meisenarten, Gartenrotschwanz, Feld- und Haussperling, Kleiber, Wendehals, Trauer- und Halsbandschnäpper (jeweils 32–34 mm Fluglochgröße).

Sie benötigen

- Bretter ungehobelt; rau vor allem die Innenseite des Nistkastens, damit Jungvögel leichter herausklettern können
- Handsäge, Hammer, Beißzange
- Handbohrer und Hand-Bohrmaschine
- Holzschrauben; sie sollten in der Länge das Doppelte der Brettstärke haben
- Schraubenzieher, verschiedene Größen
- Haken und Ösen zur Sicherung der Vorderklappe und für die Aufhängung
- Teer- bzw. Dachpappe als Abdeckung und Witterungsschutz
- Breitkopfnägel, etwa 10 mm lang, zum Aufnageln der Dachpappe
- Feinblech, 1,5 mm oder 2 mm (mit Löchern zum Festnageln), wenn Stabilisierung des Einflugloches gewünscht ist
- Nägel zum Aufnageln des Blechs

Begeistert bei der Arbeit: Zusammenfügen der Bauteile eines Meisen-Nistkastens.

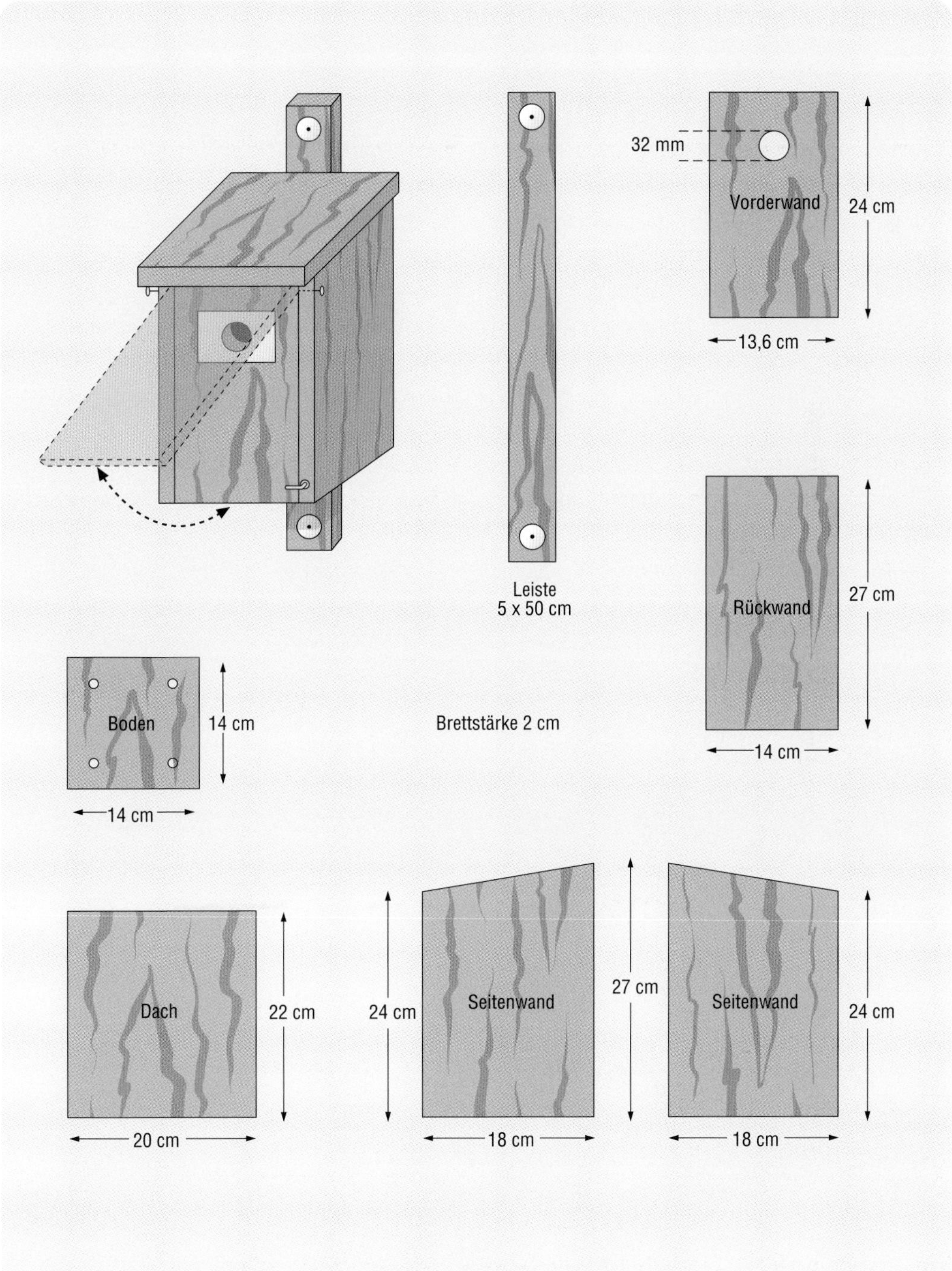
32 mm
Vorderwand
24 cm
13,6 cm
Leiste
5 x 50 cm
Rückwand
27 cm
14 cm
Boden
14 cm
14 cm
Brettstärke 2 cm
Dach
22 cm
20 cm
24 cm
Seitenwand
18 cm
27 cm
Seitenwand
24 cm
18 cm

Meisen-Nistkasten mit Marderschutz

Beutegreifer, insbesondere Marder, versuchen immer wieder an Eier oder Jungvögel zu gelangen, indem sie durch das Flugloch greifen. (Schon aus diesem Grund sollte es nicht größer als nötig sein). Ein sicherer Marderschutz ist ein kleiner Vorbau an der Vorderseite, da der Marder nicht ums Eck greifen kann.

Sie benötigen

- Bretter 20 mm stark und ungehobelt; rau vor allem die Innenseite des Nistkastens, damit Jungvögel leichter herausklettern können

Blaumeisen zählen zu unseren häufigsten Nistkastenbewohnern.

- Handsäge
- Hammer
- Beißzange
- Zollstock, Winkelmaß
- Handbohrer und Hand-Bohrmaschine mit verschieden starken Bohreinsätzen (32 mm für Flugloch)
- Holzschrauben; sie sollten in der Länge das Doppelte der Brettstärke haben (also z. B. 3,5 × 40 mm)
- Schraubenzieher, verschiedene Größen
- Haken und Ösen zur Sicherung der Vorderklappe und gegebenenfalls für die Aufhängung.
- Teer- bzw. Dachpappe als Abdeckung und Witterungsschutz
- Breitkopfnägel, etwa 10 mm lang, zum Aufnageln der Dachpappe
- Feinblech, 1,5 mm oder 2 mm (mit Löchern zum Festnageln), wenn Stabilisierung des Einflugloches gewünscht ist
- Nägel, etwa 15 mm lang, zum Aufnageln des Blechs

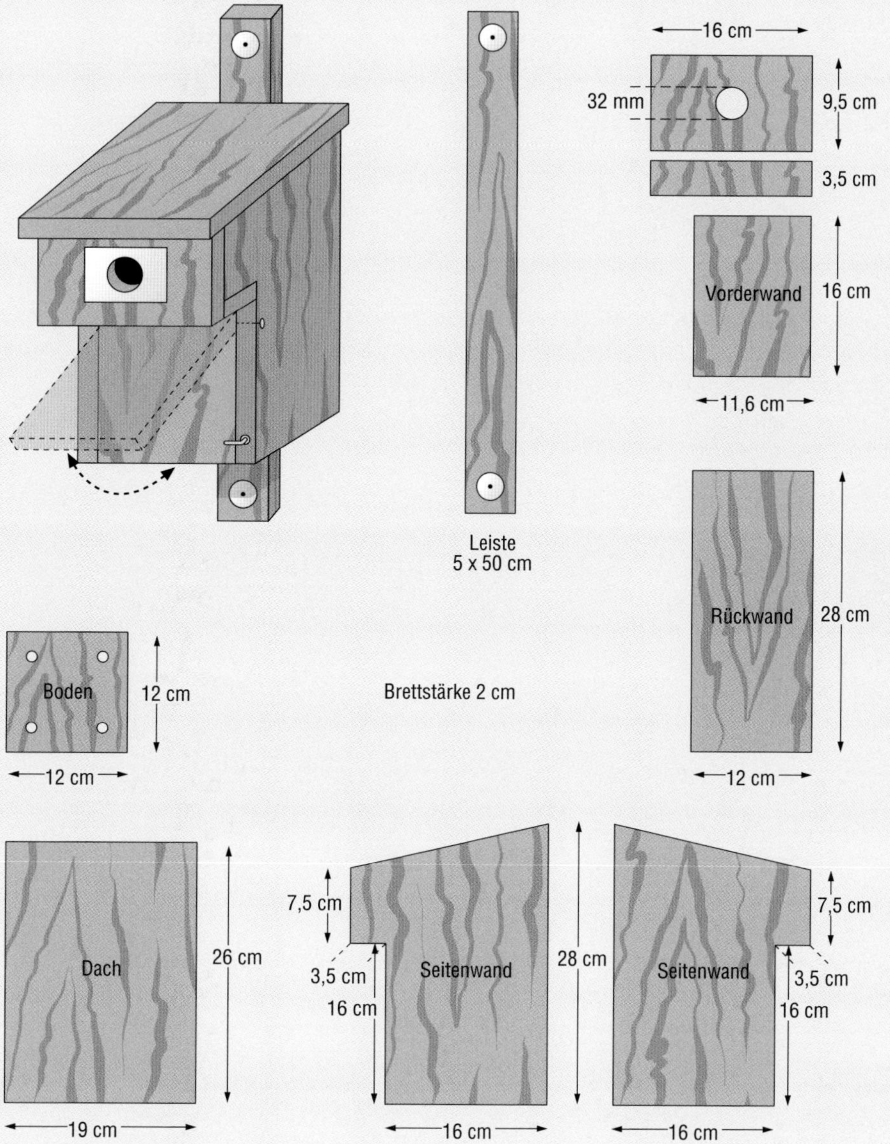
16 cm
32 mm
9,5 cm
3,5 cm
Vorderwand
16 cm
11,6 cm
Leiste
5 x 50 cm
Rückwand
28 cm
12 cm
Boden
12 cm
12 cm
Brettstärke 2 cm
Dach
26 cm
19 cm
7,5 cm
3,5 cm
16 cm
Seitenwand
28 cm
16 cm
Seitenwand
7,5 cm
3,5 cm
16 cm
16 cm

Staren-Nistkasten

Der Starenkasten mit 50 mm Fluglochweite ist für folgende Arten geeignet: Star, Haussperling, Kleiber, der das Flugloch mit Lehm verkleinert, Kohlmeise, Gartenrotschwanz, Wendehals.

Sie benötigen

- Bretter ungehobelt; rau vor allem die Innenseite des Nistkastens, damit Jungvögel leichter herausklettern können
- Handsäge, Hammer, Beißzange
- Zollstock, Winkelmaß
- Handbohrer und Hand-Bohrmaschine
- Holzschrauben; sie sollten in der Länge das Doppelte der Brettstärke haben
- Schraubenzieher, verschiedene Größen
- Haken und Ösen zur Sicherung der Vorderklappe und für die Aufhängung.
- Teer- bzw. Dachpappe als Abdeckung und Witterungsschutz
- Breitkopfnägel, etwa 10 mm lang, zum Aufnageln der Dachpappe
- Feinblech, 1,5 mm oder 2 mm (mit Löchern zum Festnageln), wenn Stabilisierung des Einflugloches gewünscht ist
- Nägel zum Aufnageln des Blechs

Nach Futter bettelnder Jungstar. Eine Sitzstange am Starenkasten ist nicht notwendig und könnte sogar eine Hilfe für Nesträuber sein.

Der Kleiber hat das Einflugloch eines Staren-Nistkastens mit Lehm verkleinert, um den Einzug größerer Vögel zu verhindern.

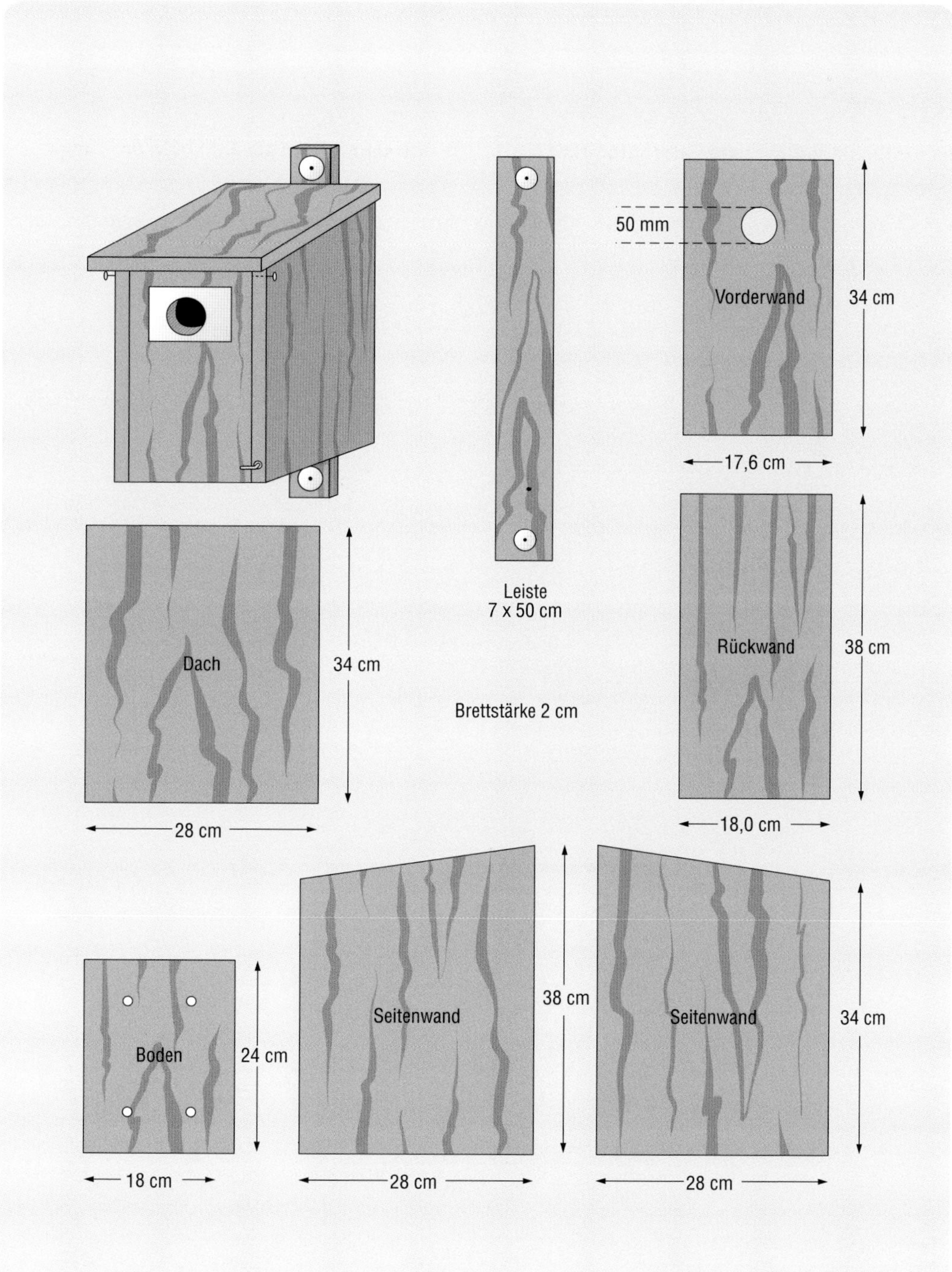
50 mm
Vorderwand
34 cm
17,6 cm
Leiste
7 x 50 cm
Dach
34 cm
28 cm
Brettstärke 2 cm
Rückwand
38 cm
18,0 cm
Boden
24 cm
18 cm
Seitenwand
38 cm
28 cm
Seitenwand
34 cm
28 cm

Nistkasten für Nischenbrüter

Man hat festgestellt, dass der Gartenrotschwanz als »Vollhöhlenbrüter« diesen Typ bevorzugt annimmt, vermutlich, weil durch das Doppel an Fluglöchern mehr Licht in das Innere gelangt. Deshalb wohl baut der Gartenrotschwanz sein Nest auch in Halbhöhlen! Ansonsten gehören zu den Bewohnern des Kastens mit 2 Fluglöchern alle Meisenarten, Bachstelze und Gebirgsstelze.
Die Rampe im Kasten ist als Marder- und Katzenschutz gedacht. Sitzt das Nest im hinteren Teil des Kastens, so erreichen es die Genannten nicht mit den Pfoten.
Die Reinigung dieses Kastentyps ist wegen der Rampe nicht ganz einfach, mit einem Spachtel oder gebogenem Löffel allerdings auch kein größeres Problem. Spezialwerkzeuge, wie sie im Handel angeboten werden, dürften im Normalfall überflüssig sein.

Nischenbrüter-Nistkasten auf einem Hausbalken montiert.

Sie benötigen

- Bretter 20 mm stark und ungehobelt; rau vor allem die Innenseite des Nistkastens, damit Jungvögel leichter herausklettern können
- Handsäge
- Hammer
- Beißzange
- Zollstock, Winkelmaß
- Handbohrer und Hand-Bohrmaschine mit verschieden starken Bohreinsätzen
- Holzschrauben; sie sollten in der Länge das Doppelte der Brettstärke haben (also z. B. 3,5 × 40 mm)
- Schraubenzieher, verschiedene Größen
- gegebenenfalls Haken und Ösen für die Aufhängung, verschiedene Größen.
- Teer- bzw. Dachpappe als Abdeckung und Witterungsschutz
- Breitkopfnägel, etwa 10 mm lang, zum Aufnageln der Dachpappe

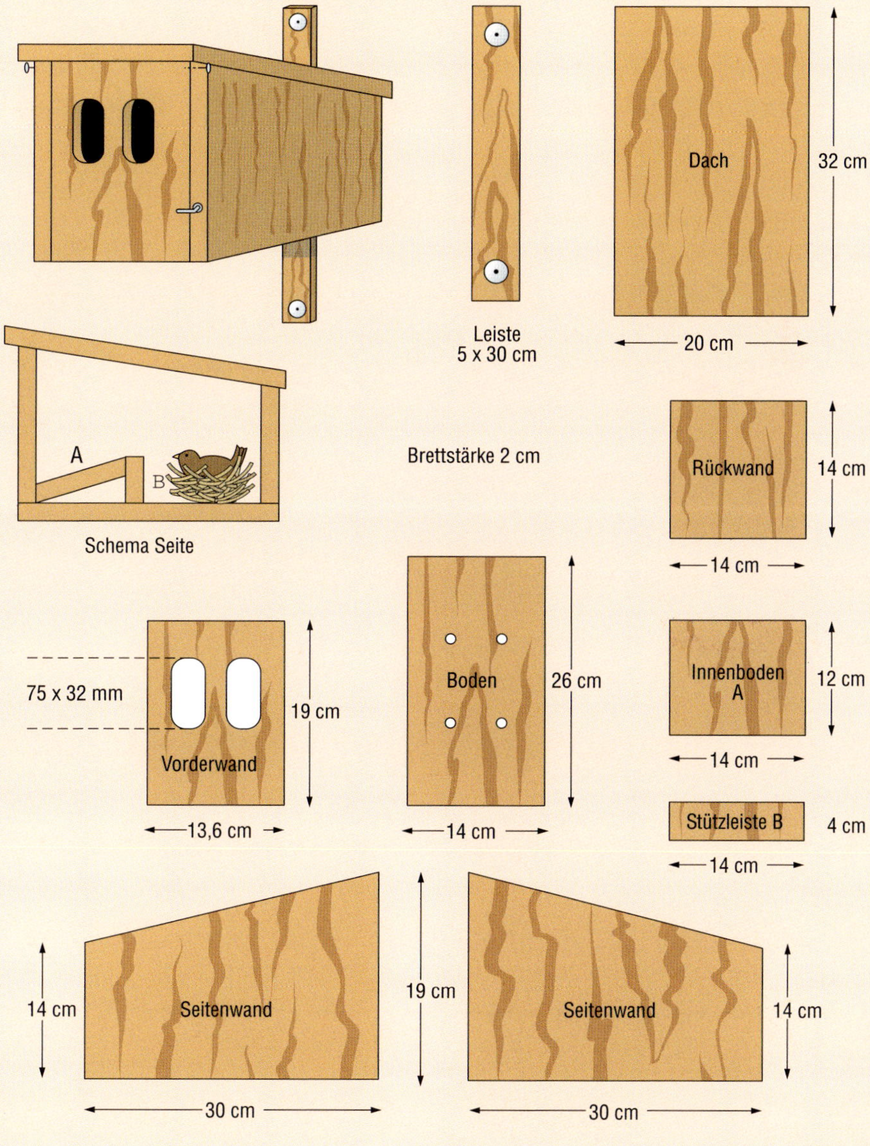
Leiste
5 x 30 cm
Dach
32 cm
20 cm
A
B
Schema Seite
Brettstärke 2 cm
Rückwand
14 cm
14 cm
75 x 32 mm
Vorderwand
19 cm
13,6 cm
Boden
26 cm
14 cm
Innenboden
A
12 cm
14 cm
Stützleiste B
4 cm
14 cm
14 cm
Seitenwand
19 cm
Seitenwand
14 cm
30 cm
30 cm

Halbhöhle für Nischenbrüter

Die Vorderwand bei diesem Typ ist starr befestigt. Aber auch diese Kästen lassen sich, falls das Dach nicht hochklappgar ist, leicht mit einem Brettchen oder etwas gebogenem Löffel reinigen. Zu den Bewohnern zählen Hausrotschwanz, Bachstelze, Gebirgsstelze, Zaunkönig und Haussperling.

Halbhöhle an freistehendem Baum.

Sie benötigen

- Bretter 20 mm stark und ungehobelt; rau vor allem die Innenseite des Nistkastens, damit Jungvögel leichter herausklettern können
- Handsäge
- Hammer
- Beißzange
- Zollstock, Winkelmaß
- Handbohrer und Hand-Bohrmaschine
- Holzschrauben; sie sollten in der Länge das Doppelte der Brettstärke haben (also z. B. 3,5 × 40 mm)
- Schraubenzieher, verschiedene Größen
- gegebenenfalls Haken und Ösen für die Aufhängung, verschiedene Größen.
- Teer- bzw. Dachpappe als Abdeckung und Witterungsschutz
- Breitkopfnägel, etwa 10 mm lang, zum Aufnageln der Dachpappe

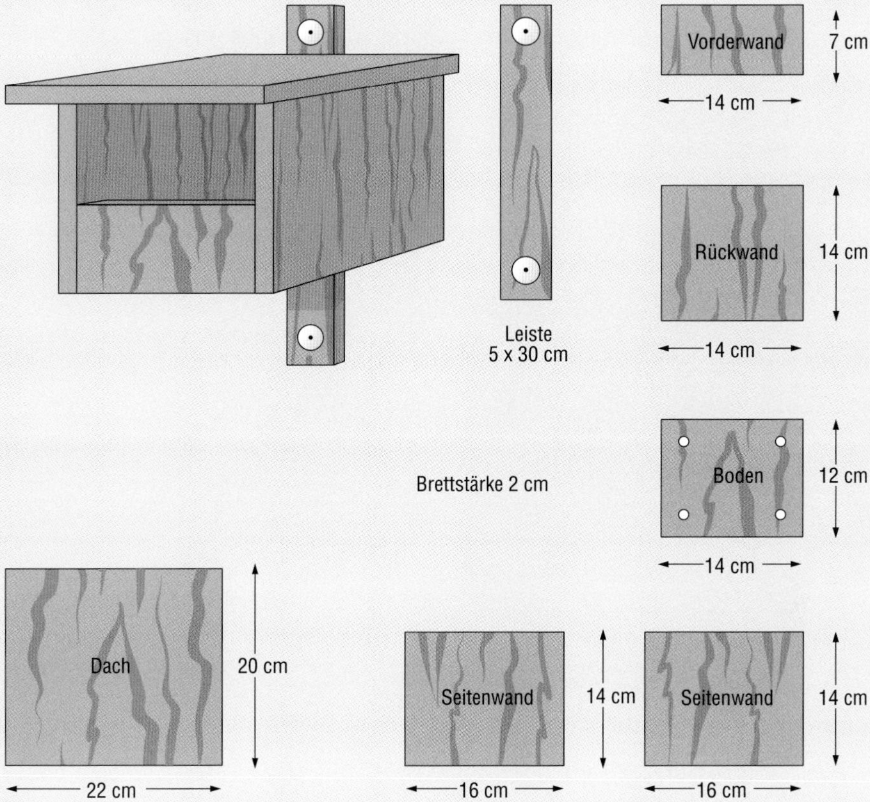
Vorderwand
7 cm
14 cm
Rückwand
14 cm
14 cm
Leiste
5 x 30 cm
Brettstärke 2 cm
Boden
12 cm
14 cm
Dach
20 cm
22 cm
Seitenwand
14 cm
16 cm
Seitenwand
14 cm
16 cm

Hohltauben-Nistkasten

Für Hohltauben hat sich ein schlanker, hoher Kasten mit relativ kleiner Grundfläche bewährt. Aber auch Kästen mit einem Bodenmaß von 30 × 36 cm werden gern genommen. Weitere Bewohner sind Dohle, Star, Raufußkauz, Kohlmeise und Kleiber, der das Flugloch mit Lehm verkleinert. In seltenen Fällen haben auch schon Schellente und Gänsesäger in einem Großvogel-Kasten gebrütet.

Hohltaubenpaar auf dem Dach des entsprechenden Nistkastens.

Sie benötigen

- Bretter 20 mm stark und ungehobelt; rau vor allem die Innenseite des Nistkastens, damit Jungvögel leichter herausklettern können
- Handsäge
- Hammer
- Beißzange
- Zollstock, Winkelmaß
- Handbohrer und Hand-Bohrmaschine
- Holzschrauben; sie sollten in der Länge das Doppelte der Brettstärke haben (also z. B. 3,5 × 40 mm)
- Schraubenzieher, verschiedene Größen
- Haken und Ösen zur Sicherung der Vorderklappe und gegebenenfalls für die Aufhängung.
- Teer- bzw. Dachpappe als Abdeckung und Witterungsschutz
- Breitkopfnägel, etwa 10 mm lang, zum Aufnageln der Dachpappe
- Feinblech, 1,5 mm oder 2 mm (mit Löchern zum Festnageln), wenn Stabilisierung des Einflugloches gewünscht ist
- Nägel, etwa 15 mm lang, zum Aufnageln des Blechs

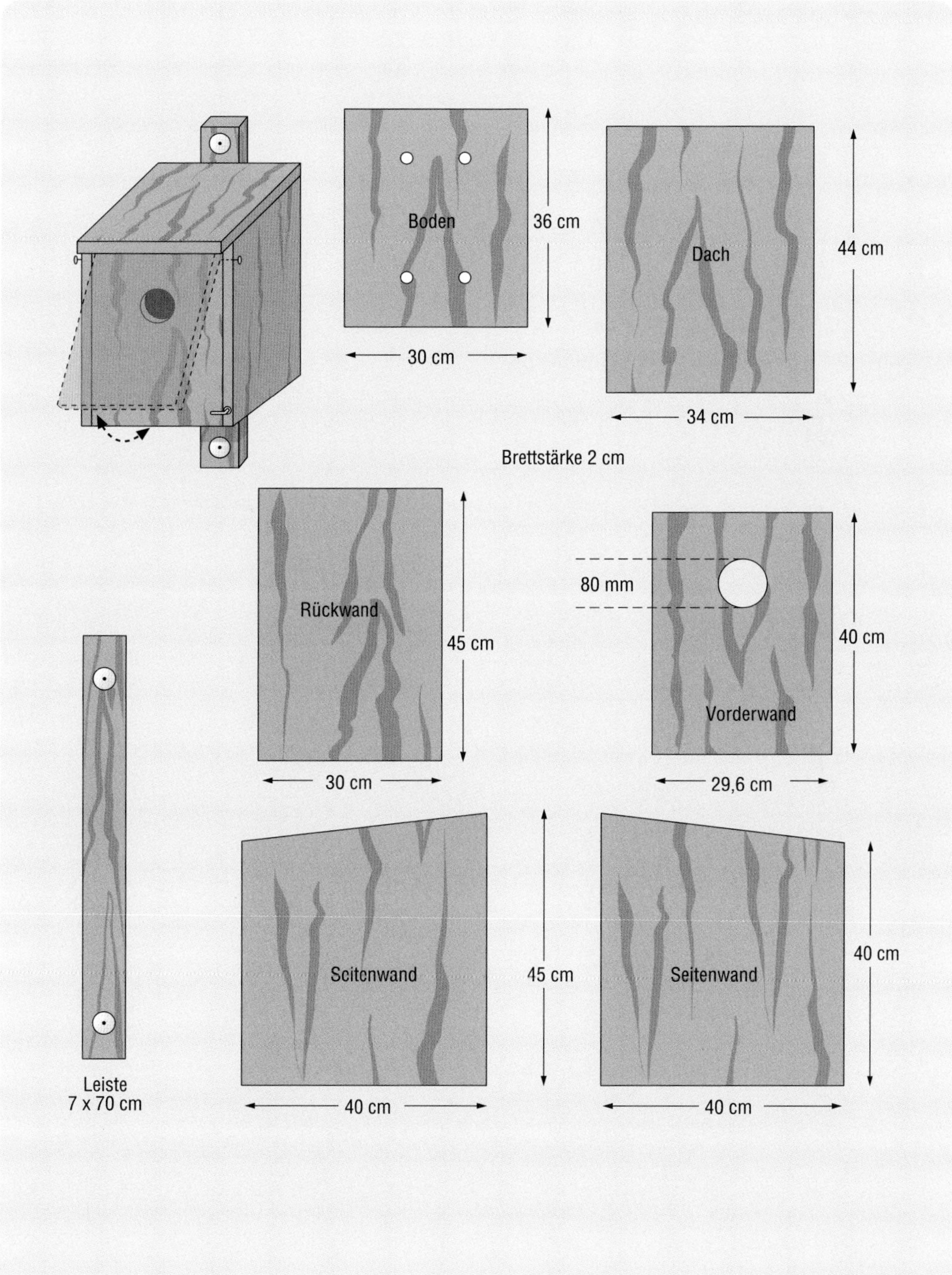
Boden
36 cm
30 cm
Dach
44 cm
34 cm
Brettstärke 2 cm
Rückwand
45 cm
30 cm
80 mm
Vorderwand
40 cm
29,6 cm
Leiste
7 x 70 cm
Seitenwand
45 cm
40 cm
Seitenwand
40 cm
40 cm

Mauersegler-Nistkasten

Genau genommen brütet der Mauersegler als anspruchsloser Vogel überall, wenn die Höhlen hoch genug sind und einen freien Anflug garantieren. Nachdem man aber in langjährigen Versuchen herausfand, dass Mauersegler bevorzugt solche Höhlen aufsuchen, deren Einflugloch breit (waagrecht-oval) ist, bot man ihnen solche Kästen an – mit Erfolg! Selten wird dieser Kastentyp auch von Haussperling oder Fledermäusen benutzt.

Sie benötigen

- Bretter ungehobelt; rau vor allem die Innenseite des Nistkastens, damit Jungvögel leichter herausklettern können
- Handsäge, Hammer, Beißzange
- Zollstock, Winkelmaß
- Handbohrer und Hand-Bohrmaschine
- Holzschrauben; sie sollten in der Länge das Doppelte der Brettstärke haben
- Schraubenzieher, verschiedene Größen
- Haken und Ösen zur Sicherung der Vorderklappe und gegebenenfalls für die Aufhängung
- Teer- bzw. Dachpappe als Abdeckung und Witterungsschutz
- Breitkopfnägel, etwa 10 mm lang, zum Aufnageln der Dachpappe

Junge Mauersegler in künstlicher Höhle aus Holzbeton.

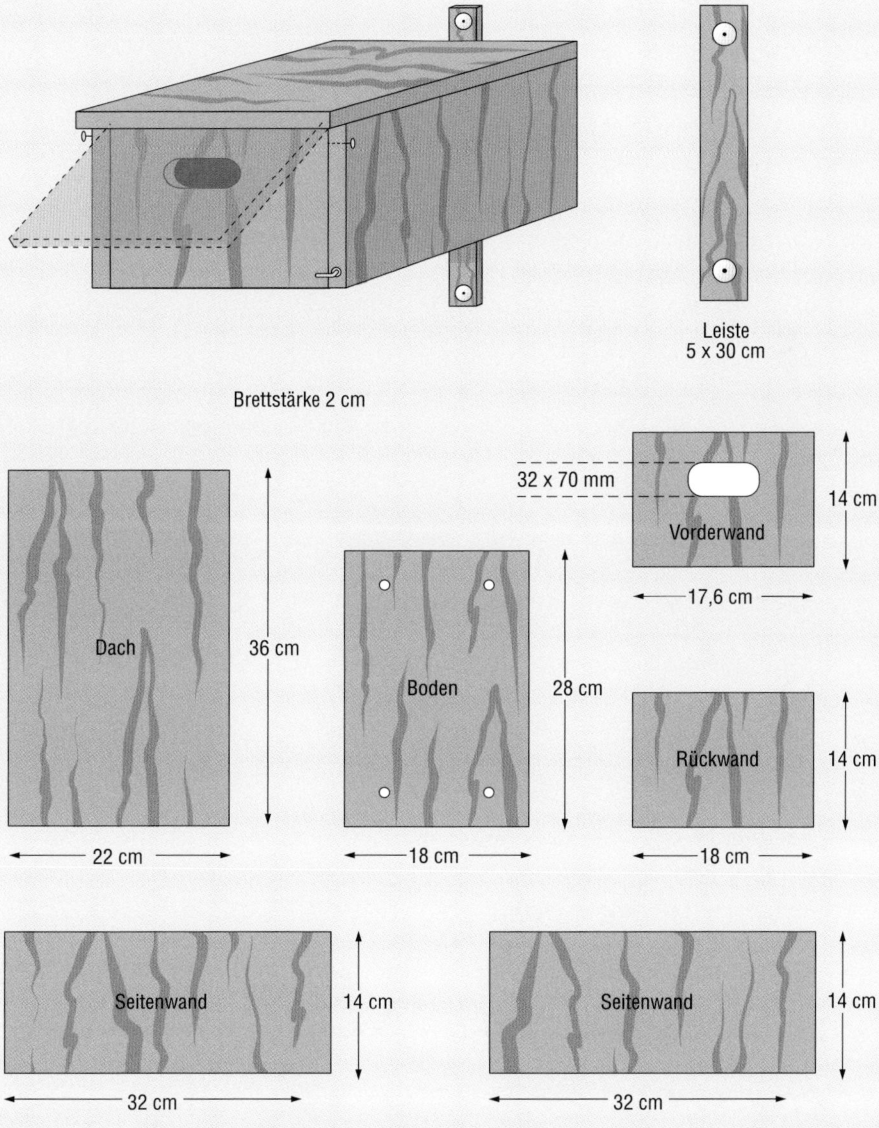
Leiste
5 x 30 cm
Brettstärke 2 cm
32 x 70 mm
Vorderwand
14 cm
17,6 cm
Dach
36 cm
22 cm
Boden
28 cm
18 cm
Rückwand
14 cm
18 cm
Seitenwand
14 cm
32 cm
Seitenwand
14 cm
32 cm

Baumläufer-Nisthilfen

Garten- und Waldbaumläufer sind Höhlen- und Nischenbrüter, die bevorzugt hinter abstehender Baumrinde, in Baumspalten oder hinter den Schindeln und Brettern von Waldhütten ihre Reisignester bauen. Der »klassische« Nistkasten besitzt deshalb keine Rückwand, sondern der Baumstamm schließt den Innenraum nach hinten ab. Boden und Dach werden entsprechend der Wölbung des Baumstammes ausgesägt, sodass an der Seite kein durchgehender Spalt entsteht und der Kasten stabil hängt. Als Aufhängung genügt ein Draht, der locker um den Baum herum liegt. Befestigung ist aber auch mit zwei Alu-Nägeln seitlich (Öse) möglich. Als Zugang für die Nistkastenbewohner werden die Seitenwände halboval ausgesägt, sodass die Vögel zwischen Baum und Kasten einschlüpfen können, wie es ihrem natürlichen Bedürfnissen entspricht. Auch Blaumeise und Sumpfmeise findet man manchmal in einem Baumläuferkasten.

Man kann Baumläufern aber auch eine einfachere Konstruktion anbieten: Gewölbte Rinden bindet man ca. 1,50 m über dem Boden an einen raurindigen Baum und befestigt als Boden im unteren Teil der Rinde ein Klötzchen. Den seitlichen Einflugschlitz nicht vergessen!

Sie benötigen

- Bretter 20 mm stark und ungehobelt; rau vor allem die Innenseite des Nistkastens, damit Jungvögel leichter herausklettern können
- Handsäge; Hammer; Beißzange; Zollstock; Winkelmaß; Schraubenzieher, verschiedene Größen
- Handbohrer und Hand-Bohrmaschine mit verschieden starken Bohreinsätzen
- Holzschrauben; sie sollten in der Länge das Doppelte der Brettstärke haben
- Haken und Ösen zur Sicherung der Vorderklappe und für die Aufhängung, verschiedene Größen.
- Teer- bzw. Dachpappe als Abdeckung und Witterungsschutz; Breitkopfnägel, etwa 10 mm lang, zum Aufnageln der Dachpappe
- Drahtbügel zur Befestigung

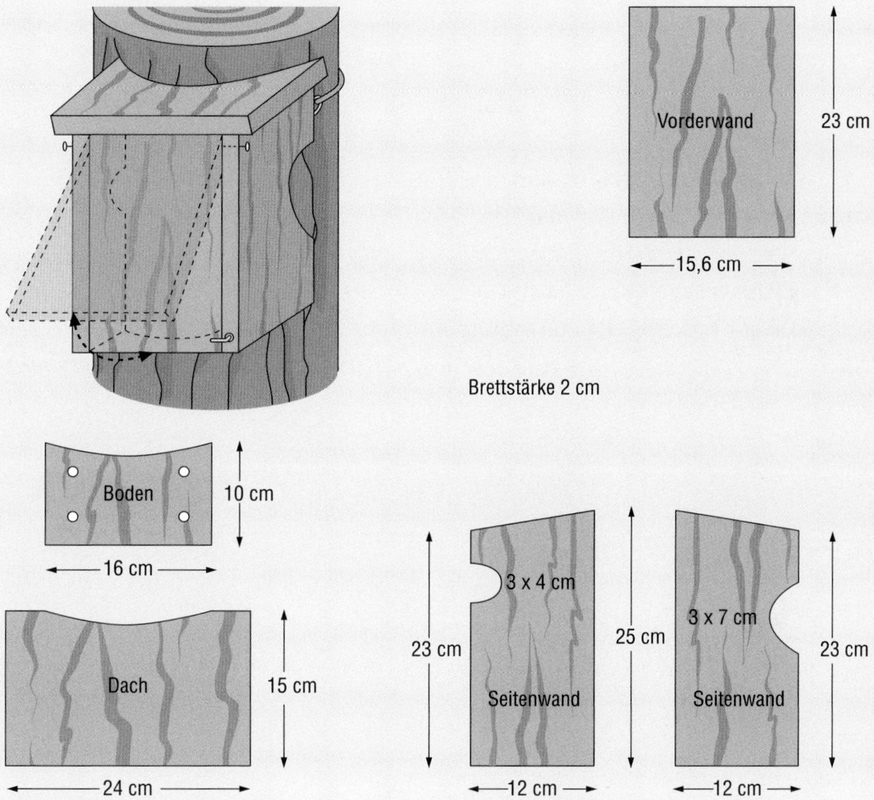

Die Rundungen in Boden und Dach liegen am Baumstamm an

Seitenwände mit versetztem Einflugschlitz

Turmfalken-Nistkasten

Dieser Kastentyp entspricht im Grunde einer großen Halbhöhle. Außer Turmfalken brüten hier selten auch Dohle und Haussperling.

Sie benötigen

- Bretter 20 mm stark und ungehobelt; rau vor allem die Innenseite des Nistkastens, damit Jungvögel leichter herausklettern können
- Handsäge
- Hammer
- Beißzange
- Zollstock, Winkelmaß
- Handbohrer und Hand-Bohrmaschine mit verschieden starken Bohreinsätzen
- Holzschrauben; sie sollten in der Länge das Doppelte der Brettstärke haben (also z. B. 3,5 × 40 mm)
- Schraubenzieher, verschiedene Größen
- gegebenenfalls Haken und Ösen für die Aufhängung
- Teer- bzw. Dachpappe als Abdeckung und Witterungsschutz
- Breitkopfnägel, etwa 10 mm lang, zum Aufnageln der Dachpappe

Turmfalken-Männchen am Eingang zum Brutplatz.

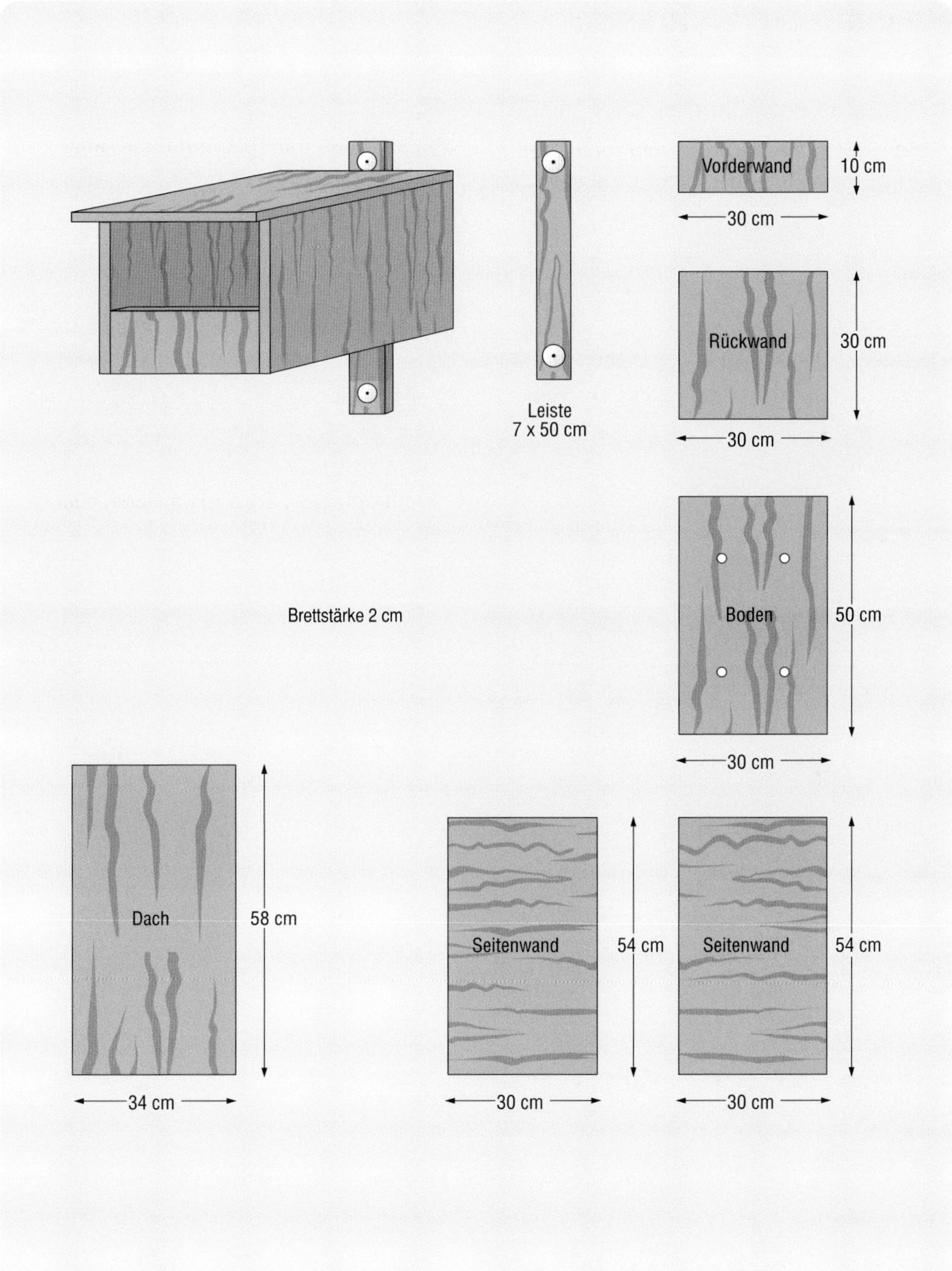
Leiste
7 x 50 cm
Vorderwand
10 cm
30 cm
Rückwand
30 cm
30 cm
Brettstärke 2 cm
Boden
50 cm
30 cm
Dach
58 cm
34 cm
Seitenwand
54 cm
30 cm
Seitenwand
54 cm
30 cm

Steinkauz-Nistkasten

Im Bauplan ist die einfache Ausführung dargestellt. Der Vorbau am Einflugloch soll den Eingangsbereich trocken halten. Die Lüftungs- und Abflusslöcher im Boden sollten bei diesem Kastentyp etwas größer sein (etwa 1 cm Durchmesser). Die Hinterwand wird zum Aufklappen mit 2 größeren Scharnieren befestigt. Es gibt von diesem Kasten auch eine mardersichere Ausführung. Diese besitzt eine zweite Vorderwand ca. 10 cm hinter der ersten mit einem versetzten Einflugloch.
Der Steinkauzkasten wird waagerecht auf einem starken Ast mit Metallbändern befestigt. Platziert wird er in Obstgärten, lichten Parkanlagen oder in kleinen Feldgehölzen. Der Kasten wird manchmal auch von Star oder Kohlmeise genutzt.

Anbringen eines Steinkauz-Nistkastens in einem alten Baum.

Sie benötigen

- Bretter 20 mm stark und ungehobelt; rau vor allem die Innenseite des Nistkastens, damit Jungvögel leichter herausklettern können
- Handsäge
- Hammer
- Beißzange
- Zollstock, Winkelmaß, Scharniere
- Handbohrer und Hand-Bohrmaschine mit verschieden starken Bohreinsätzen
- Holzschrauben; sie sollten in der Länge das Doppelte der Brettstärke haben (also z. B. 3,5 × 40 mm)
- Schraubenzieher, verschiedene Größen
- Haken und Ösen zur Sicherung der Hinterklappe; Metallbänder oder Drahtbügel zur Befestigung.
- Teer- bzw. Dachpappe als Abdeckung und Witterungsschutz
- Breitkopfnägel, etwa 10 mm lang, zum Aufnageln der Dachpappe

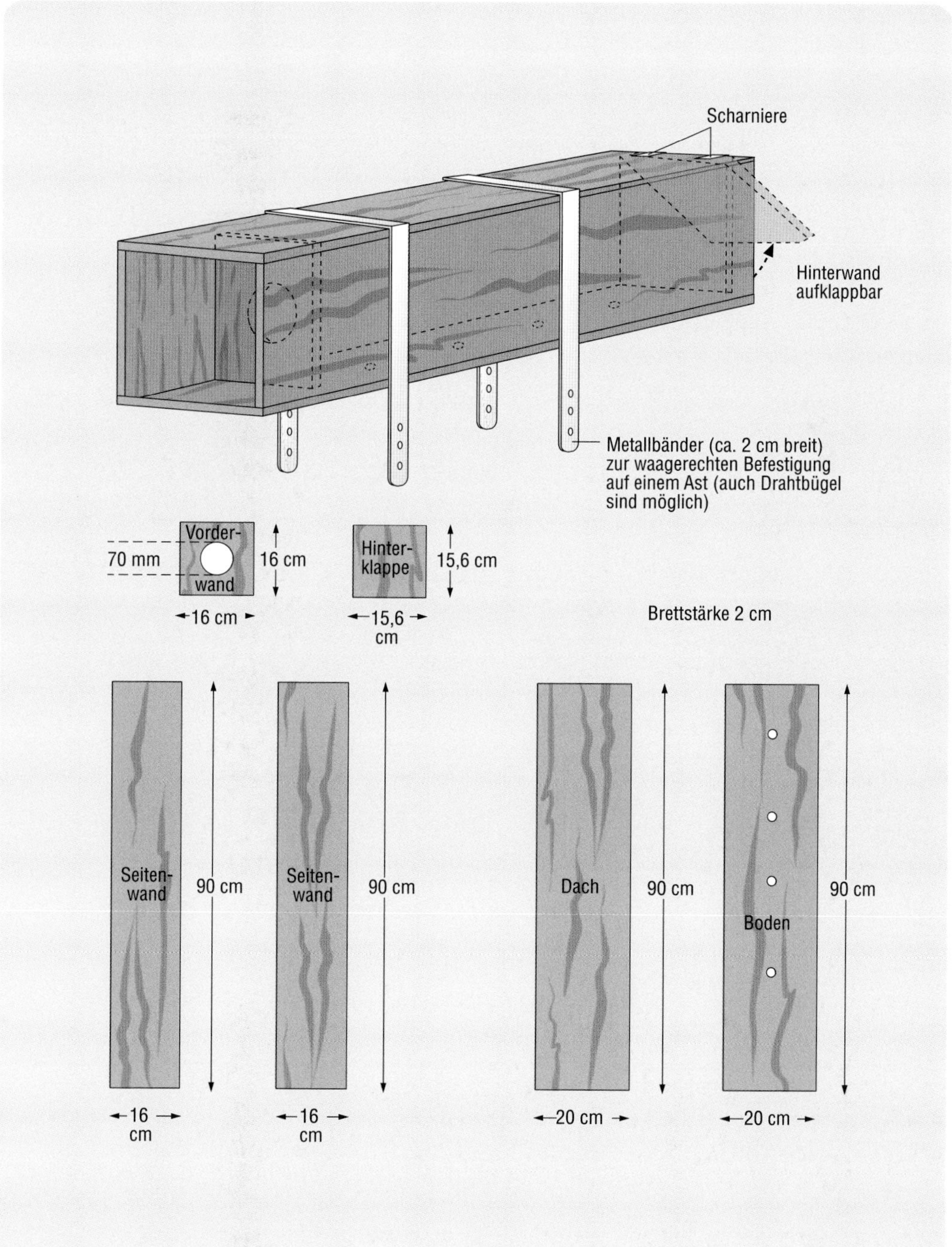
Scharniere
Hinterwand aufklappbar
Metallbänder (ca. 2 cm breit) zur waagerechten Befestigung auf einem Ast (auch Drahtbügel sind möglich)
70 mm
Vorder-wand
16 cm
16 cm
Hinter-klappe
15,6 cm
15,6 cm
Brettstärke 2 cm
Seiten-wand
90 cm
16 cm
Seiten-wand
90 cm
16 cm
Dach
90 cm
20 cm
Boden
90 cm
20 cm

Hänsel-und-Gretel-Haus

Sie benötigen

- Holzbretter (Reststücke genügen), etwa 2 cm dick; rau, vor allem die Innenseite des Nistkastens, damit die Jungvögel leichter herausklettern können
- Eine Holzleiste, 2 cm dick, etwa 5 cm breit und 50 cm lang
- Ein 20 cm langes Stück Eckschutzleiste, Kantenlänge 4 cm,
- Schrauben, 3,5 × 35 mm
- Nägel (zum Aufhängen der Vorderwand, etwa 3,5 cm lang)
- Ein Reiberhaken
- Ein Stück Draht oder starke Schnur
- Handsäge (Fuchsschwanz, Stichsäge für das Flugloch)
- Akkubohrschrauber
- Zollstock, Winkelmaß

Schritt-für-Schritt-Anleitung

- Aus den Brettresten die Bauteile aussägen. Sie können sich natürlich auch in einem Baumarkt die Holzteile zusägen lassen.
- In die Vorderwand das Einschlupfloch so aussägen, dass der untere Rand in etwa 20 cm Höhe liegt. Zum Durchmesser des Einflugloches vgl. Seite 21.
- Eines der Seitenteile an den Boden anschrauben.
- Anschließend auch die Rückwand und die Vorderwand an den Boden anschrauben.
- Nun den kürzeren Dachteil so an den Schrägseiten der Vorder- und Rückwand anschrauben, dass er hinten mit der Rückwand bündig abschließt, nach vorne und unten hin aber um einige Zentimeter übersteht. Dieser Überstand ist wichtig, damit das Einflugloch vor Regen geschützt ist.
- Jetzt kommt die zweite Seitenwand dran: Sie wird an zwei Nägeln schwenkbar aufgehängt, damit der Nistkasten im Herbst problemlos geöffnet und gereinigt werden kann.
- Damit die Seitenwand nicht »eigenmächtig« aufklappt, wird an einer der unteren Ecken ein Reiberhaken eingeschraubt, mit dem sie arretiert werden kann.
- Schließlich wird das zweite Dachteil an den Giebelschrägen der Vorder- und Rückwand und zusätzlich am Dachfirst angeschraubt.
- Auf den Dachfirst die Eckschutzleiste aufschrauben.
- Zum Schluss wird der Nistkasten noch bemalt. Wie wär's mit einem Nistkasten in Knusperhäuschen-Design? Rechts und links vom Einschlupfloch werden Lebkuchen-Fensterläden aufgemalt, unten verziert eine Lebkuchenhaustür den Nistkasten und aufgemalte Zuckerkringel oder Zimtsterne schmücken Dach und Wände.
- Die verwendete Farbe sollte wetterfest sein. Oder man versiegelt die bemalte Oberfläche mit einem wetterbeständigen Lack. Bitte darauf achten, dass die verwendeten Farben und Lacke nicht giftig sind.

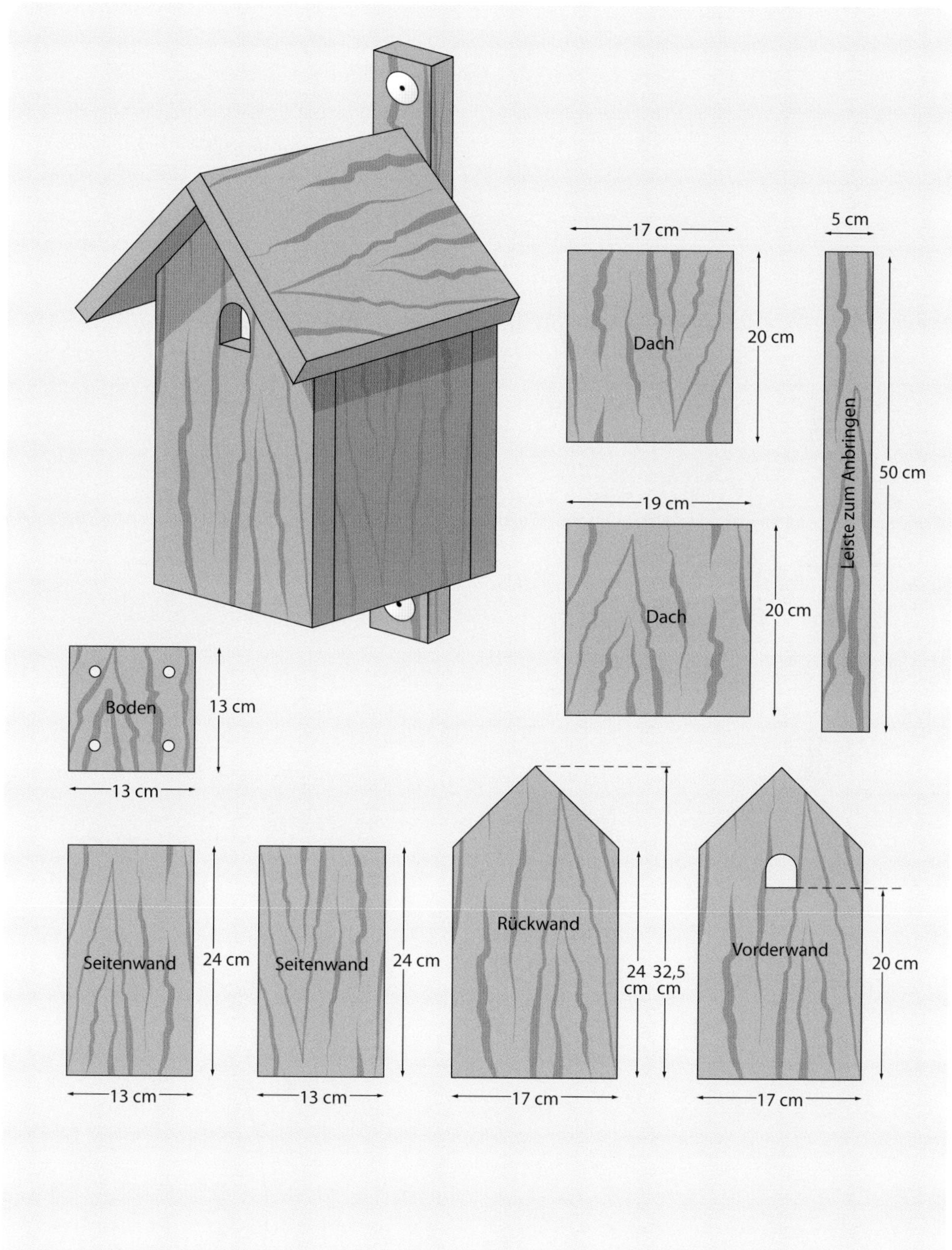
17 cm
20 cm
Dach
5 cm
Leiste zum Anbringen
50 cm
19 cm
20 cm
Dach
Boden
13 cm
13 cm
Seitenwand
24 cm
13 cm
Seitenwand
24 cm
13 cm
Rückwand
24 cm
32,5 cm
17 cm
Vorderwand
20 cm
17 cm

Auch Kinder haben Spaß beim Basteln eines Nistkastens.

- Und ein paar allerletzte Handgriffe: Die Holzleiste oben und unten etwa eine Handbreit vom Leistenende durchbohren, an die Rückseite des Häuschens anschrauben. Draht durch die beiden Bohrlöcher ziehen und damit an einem Baum rutschfest befestigen.

Variationen erwünscht

Sie können diese Bauanleitung (aber auch andere Nistkasten-Typen in diesem Buch) auf vielfältige Weise abwandeln. Das Hänsel-und-Gretel-Haus lässt sich beispielsweise plastischer gestalten, wenn man Fensterläden, Tür oder Herzen aus dünnem (etwa 3 mm Brettstärke) Holz aussägt, wie Lebkuchen bemalt und dann an den entsprechenden Stellen aufklebt oder besser aufnagelt.
Die Konstruktion kann man auch in den Maßen abwandeln (etwa die Schräge des Dachs verändern) und dann etwa ein verspieltes Romantik-Häuschen, ein ländliches Friesenhaus, eine protzige Villa oder gar eine idyllische Kapelle kreieren – natürlich stets mit der zum Objekt passenden Bemalung.
Wie weit man hier geht, muss jeder selbst entscheiden. Zum einen wird man den Einwand hören, dass ein auffällig gestaltetes Vogelhaus auch von den Feinden unserer Vögel leichter entdeckt wird, also ein gewisses Gefahrenpotenzial birgt. Auf der anderen Seite bieten auch Naturschutzverbände die bemalten Häuschen an. Und schließlich soll ja auch der Mensch Freude an diesen nützlichen Nisthilfen haben.

Wo und wie bringt man Nistkästen an?

Nistkästen sollten weder in der prallen Sonne, noch zu schattig hängen. Die Vormittagssonne erwärmt das Innere einer Nisthöhle mäßig, während die pralle Nachmittagssonne, die im Sommer bis weit in den Abend hinein die Nistkästen »aufheizt«, für die Bruten schädlich ist. Das sollte man beim Aufhängen beachten.

Früher war es üblich, die Nistkästen inmitten der Baumkrone zu platzieren. Intensive Beobachtungen zeigten aber die Nachteile dieser Aufhängemethode. Die Nistkästen hängen dort zu schattig und das dichte Astwerk bietet den Vogelfeinden, Katze, Marder, Sperber und Habicht, günstige Ansitzmöglichkeiten an der Nisthöhle. Die Beutegreifer können dann mühelos die Vögel abfangen.

Die besten Ansiedlungsergebnisse bei Höhlenbrütern werden dort erzielt, wo die Nistkästen etwa in Augenhöhe oder sogar tiefer angebracht sind; Vögel benötigen einen freien Anflug zur Höhle. Diese Aufhängemethode erleichtert Kontrolle und Reinigung der Nistkästen. Das lästige Leitersteigen entfällt.

Der in Augenhöhe aufgehängte Nistkasten mit Möglichkeit zum freien Anflug wird von den Vögeln gerne angenommen und erleichtert uns die Kontrolle.

Zum Befestigen der Nistkästen mit Halteleiste verwendet man die im Fachhandel erhältlichen »Alunägel«, das sind Leichtmetallnägel, die im Baum einwachsen, aber bei späterer Verarbeitung des Holzes weder der Kettensäge der Holzfäller, noch jener des Sägewerkes schaden.
Der mit einem Drahtbügel befestigte, frei schwebende Nistkasten bewährt sich als besonders katzen- und mardersicher. Um das Durchscheuern oder Einwachsen des Drahtes im Ast zu verhindern, legt man einen schmalen Gummischlauch um den Ast; ein Stück Fahrradschlauch eignet sich.
Hängt unser Nistkasten an einem frei stehenden Baum, so schützt man ihn durch das Anbringen einer nicht zu fest um den Baumstamm gelegten Blechmanschette. Die Mindesthöhe vom Boden sollte etwa 1,70 m betragen. Kletterfeinde der Vögel rutschen daran ab.

Schutz der Vogelbruten an frei stehenden Bäumen vor Kletterfeinden durch Anbringen eines Katzenabwehrgürtels (links), einer Blechmanschette (Mitte) oder eines Reisigringes (rechts).

Katzenabwehrgürtel gibt es im Fachhandel. Eine einfache Abwehr kann man aber auch aus Maschendraht oder Fichtenreisig basteln. Diese Schutzmaßnahmen sind aber nur dann sinnvoll, wenn die Vogelfeinde nicht von anderen Bäumen überspringen können, der »Nistbaum« frei steht. Marder und Eichhörnchen springen mühelos mehrere Meter!
Wichtiger Hinweis! Die in Höhlen brütenden Halsband- und Trauerschnäpper kehren als Zugvögel im Frühjahr spät in ihr Brutgebiet zurück und finden in der Regel besetzte Nistkästen vor. Vernimmt man Mitte Mai ihren wohlklingenden, rhythmischen Gesang, hängt man dort noch ein paar Nistkästen auf.

Die Höhlenbrüter

Helle, lichtdurchflutete Gärten, Parks und Wälder sind ideale Standorte. Dauerhaft schattige oder feuchte Winkel sind ungeeignet. Bevorzugt angenommen werden Nistkästen, die unter der Begrünung der Bäume, also unter dem Kronendach und mit dem Flugloch nach Süd-Südost ausgerichtet, angebracht sind.

Die Halbhöhlen- und Nischenbrüter

Die bekanntesten sind Hausrotschwanz, Bachstelze, Grauschnäpper, Zaunkönig, Gebirgsstelze, Rotkehlchen, Wasseramsel und Turmfalke, der aber auch in Vollhöhlen brütet. Die Nistkästen für die kleinen Halbhöhlenbrüter bringt man an Hauswänden, Mauern oder Spalieren an, wo den Vögeln ein freier Anflug möglich ist. Bevorzugt werden jene Halbhöhlen angenommen, die im stillen Winkel des Gartens hängen und dort von der Sonne täglich ein paar Stunden verwöhnt werden. 3 m über dem Boden ist eine gute Höhe.

Vor dem Zugriff durch Marder, Katze, Eichhörnchen, Waldkauz, Elster und Rabenkrähe sichert man die Nisthöhle mit einem grobmaschigen Drahtgeflecht, dessen Maschendurchmesser bei etwa 4,5–5 cm liegt. Wichtig ist, dass der Abstand zwischen Draht und Brutmulde des Nistkastens mindestens 10 cm beträgt.

Bäume sind keine geeigneten Aufhängeorte für Halbhöhlen; Nischenbrüter sind Vögel des Hauses, der Gartenhütte und ähnlicher Räumlichkeiten. Einige von ihnen bauen ihre Nester aber auch in hohle Bäume, wo diese genügend Licht in das Innere lassen.

Eine Halbhöhle bezieht auch die Wasseramsel. Ihr Lebensraum sind klare Fließgewässer. Hier bringt man den Nistkasten in Brückengemäuer, in der Mauer eines Wehres oder zwischen die Balken einer Brücke an, wo er für die Feinde der Vögel unerreichbar ist. Die Mindesthöhe vom Boden sollte aber bei 3 m liegen.

Die Großvogel-Nistkästen

Der Waldkauz nistet überall in der Landschaft: Im Altholz eines Gartens, im Park mit altem Baumbestand, auf Friedhöfen und im geschlossenen Wald, wo er geeignete Nisthöhlen vorfindet, oder in Ermangelung derselben verlassene Greifvogel- oder Krähennester annimmt. Selbst in Bodenhöhlen hat man schon Waldkäuze brütend gefunden. Einen geräumigen Nistkasten aber wird er allen anderen Nistgelegenheiten vorziehen. Man achte aber darauf, dass die Höhle mindestens 4 m hoch hängt und die Umgebung einen freien Anflug gewährleistet.

In allen Eulen- und Turmfalken-Nistkästen gibt man eine ca. 5 cm dicke Schicht grober Holzspäne oder gehäckseltes Stroh. Auch trockenes, zerriebenes Laub hat sich bewährt. Eulen und Falken bauen keine eigenen Nester! Bei der Eiablage und dem Bebrüten der Eier auf dem nackten Kastenboden kann das für die Vögel problematisch werden; die Eier rollen davon. Schon im zweiten Jahr bilden Gewölle und Beutereste eine natürliche Nistunterlagen.

Ein Drahtgeflecht schützt die Halbhöhle vor Vogelfeinden.

Kontrolle und Pflege

Die Kontrolle der Nistkästen im Sommer und ihre Reinigung im Herbst sind unerlässliche Pflegemaßnahmen.
Da brütende Vögel störungsempfindlich sind, geht man bei der Kontrolle sehr behutsam vor. Hat der brütende Vogel für kurze Zeit das Gelege verlassen, öffnet man den Nistkasten vorsichtig. Ein kurzer Blick genügt, um festzustellen, dass Nest und Gelege in Ordnung sind und um die Eierzahl zu ermitteln.

In diesem Meisen-Nistkasten hat eine Wespenkönigin ihr papierartiges Nest aufgehängt.

Eine zweite Kontrolle kann man während der Nestlingszeit, der Jungenzeit, durchführen. Sie ist aber in der Regel nur dann erforderlich, wenn der Futterbetrieb der Vögel beunruhigend schwach erscheint oder ganz eingestellt wird. Dann ist zu befürchten, dass die Brut durch Mäuse, Schnecken oder Insekten gestört wurde oder ein Altvogel einem Beutegreifer zum Opfer fiel. Sind heranwachsende Junge im Nest, sollte man den Nistkasten langsam öffnen, damit die Jungvögel vor Schreck nicht aus der Höhle fallen.
Haben Hornissen oder Wespenköniginnen an der Dachinnenseite mit dem Nestbau begonnen, stört man ihr Bauvorhaben. Die empfindlichen Insekten ziehen an einen anderen Ort um und die Vögel können unbehelligt weiterbauen oder weiterbrüten. Ein späteres Zerstören des fertigen Insektennestes entspricht nicht unserem Naturverständnis und wäre zudem gesetzeswidrig. Larvengefüllte Waben werden also nicht vernichtet! Meistens veranlasst das Wachsen des Insektenstaates die Vögel, die Höhle zu verlassen.
Auch die Große und die Baumschnegelschnecke finden sich in Nistkästen ein, überziehen mit ihrem Schleim die Vogeleier und saugen sie aus. Sie müssen deshalb schon beim Aufstieg zum Nistkasten entfernt werden. Man erkennt ihre Schleimspur am Baum oder am Einflugloch des Kastens.
Manchmal zerhacken Sperlinge auf der Suche nach einer geeigneten Bruthöhle die Eier des Höhlenbewohners, um ihre eigene Brut dort

zu zeitigen. Nicht selten schlagen Buntspechte den Nistkasten in Nesthöhe auf, um die frisch geschlüpften Jungvögel herauszuziehen und diese als nahrhaftes Futter ihrer Brut anzubieten. Man verdamme deshalb die Spechte nicht; ihr Tun entspringt dem Instinkt, dem eigenen Nachwuchs die bestmöglichen Überlebenschancen in einer vielleicht nährstoffarmen Zeit zu gewähren!
Sind Jungvögel im Nistkasten eingegangen, weil im Nachbargarten Pestizide zur Anwendung kamen und die Altvögel giftbenetztes Futter eintrugen, oder ein Beutegreifer die futtertragenden Altvögel am Nistkasten abfing, sollte man Nest und tote Vögel umgehend entfernen und damit die Höhle für andere Bewohner oder für ein Nachgelege frei machen.
Vieles kann in der Sommerzeit in und am Nistkasten geschehen, was unserer Aufmerksamkeit bedarf.

Haussperlinge zerstörten dieses Kohlmeisengelege, um in den Besitz der Höhle zu gelangen.

Herbstreinigung und Winterarbeiten

Bei der herbstlichen Nistkastenreinigung, so etwa im Oktober, entfernt man das Nest und mit einem Pinsel den Federkielstaub vom Höhlenboden. Das Aussprühen des Nistkastens mit Insekten- oder Desinfektionsmittel sollte man unterlassen, da die Vögel täglich, auch im Herbst und Winter, die Nisthöhle aufsuchen, um darin zu schlafen; alle chemischen Mittel sind Vogelgifte! Auch das Auswaschen der Bruthöhle mit Seifenlauge sollte unterbleiben, weil sich die Feuchtigkeit sehr

Holzbeton-Nistkasten mit zur Kontrolle entfernter Frontwand. Ist die Vogelbrut erfolgreich ausgeflogen, wirkt das Nest wie festgetreten.

Mit Begeisterung helfen Schüler bei der Nistkastenkontrolle.

lange im Inneren hält, zur Fäulnis führt und den Vögeln somit schadet.
Den Nistkasten belässt man auch im Winter an seinem Platz! Nach dem Winter und vor der neuen Brutsaison schaut man noch einmal in den Nistkasten. Entdeckt man auf dem Kastenboden viele Kotwürstchen, so ist das der Beweis, dass der Kasten als Winterschlafplatz genutzt wurde. Sind mehrere Nistkästen zu betreuen, empfiehlt sich das Eintragen der Bobachtungen und Kontrollergebnisse in ein Notizbüchlein. Im Laufe der Jahre entsteht damit eine kleine Chronik, die einen detaillierten Einblick in das Vogelleben eines bestimmten Gebietes, z. B. des Gartens, gewährt und Anregungen für Änderungen oder Ergänzungen bezüglich dem Anbringen weiterer Nistkästen gibt. Standortveränderungen der Nistkästen, also das Umhängen von einem zum anderen, vielleicht günstigeren Platz, müssen im Winter, also vor der Brutsaison erfolgen!
Von der intensiven Beobachtung hängt es ab, wie viele Nistkästen man in einem begrenzten Gebiet anbringt. Vögel siedeln dort bevorzugt, wo sie außer sicheren Brutplätzen für sich und ihre Nachkommen genug Nahrung finden. Nistkästen, die nicht als Brutplatz angenommen werden, sind in der Regel willkommene Schlafplätze der nichtbrütenden Vögel.

Auch Reparaturen am Nistkasten sollten im Winterhalbjahr erfolgen. Mitunter hat der Buntspecht das Einflugloch erweitert oder einen neuen Einflug geschlagen. Hier hilft eine Manschette engmaschigen Drahtes.
Die Nistkastenreinigung kann zu einer sehr lästigen Angelegenheit werden, wenn das Nest voller Federlinge und Flöhe steckt . Oft sitzen diese ausgehungert kranzförmig um das Einflugloch herum und warten auf Beute, also einfliegende Vögel. Genau hinschauen, bevor man den Nistkasten berührt! Es empfiehlt sich, beim Reinigen alte Kleidung zu tragen, die danach nicht in der Wohnung abgelegt wird, und die Jacken- oder Hemdärmel mit Gummiringen oder einer Kordel zu schließen. Es sind Fälle bekannt, dass Federlinge allergische Reaktionen auslösten und die Betroffenen sich in ärztliche Behandlung begeben mussten.
Die alten Nester sollte man nicht auf dem Komposthaufen deponieren, sondern sofort verbrennen oder tief in die Erde eingraben. Die meisten Parasiten sind winterhart und verteilen sich auf der Suche nach blutfrischer Beute überall in der Umgebung. Gefährdet sind besonders Sandkästen auf Spielplätzen und Gartenwege aus Holzmulm, also Rindenanhäufungen, in welchen sich die Flöhe vorübergehend verstecken. Am Menschen halten sich die Plagegeister nicht lange auf, können aber zu den erwähnten Belästigungen führen.

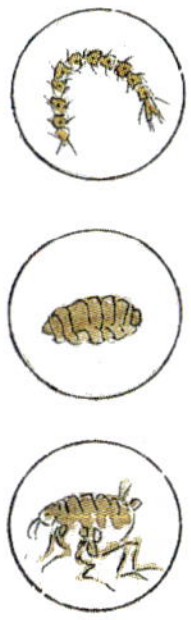

Flohlarve

Puppenkokon

fertiger Floh

Höhlenbrütende Vögel werden häufig von Federlingen oder Flöhen geplagt. Auf der Abbildung eine Kohlmeise mit 15 Tage alten Jungen im von Flöhen befallenen Nistkasten.
(Nach einer Idee von Peter Havelka)

Feinde der Vögel

Spricht man von den Feinden der kleinen Vögel, so denkt man zunächst an die Hauskatze, an den Marder, den Sperber und die Elster. Wer aber aufmerksam beobachtet und seine Nistkästen regelmäßig kontrolliert und pflegt, wird feststellen, dass die Höhlenbrüter weit mehr unter einem Heer unscheinbarer Plagegeister leiden als unter den großen Beutegreifern, mit deren Erscheinen im Garten die Vögel meist instinktiv umzugehen wissen. Dennoch ist der Druck durch die Beutegreifer und Nestplünderer auf die Kleinvögel enorm.

Der Sperber ist ein »Überraschungsjäger«, der aus dem Pirschflug heraus seine Beute schlägt und mitunter bis in das dichteste Gebüsch hinein verfolgt.

Es sind meistens zufällige Erlebnisse, den Kleinvogeljäger Sperber bei seiner rasanten Vogeljagd zu beobachten. Sein Erscheinen im Garten bringt Unruhe unter die Gefiederten und diese erstarren vor Schreck, sobald der flinke Überraschungsjäger einfliegt. Auf seinen Jagdtrick fallen die Vögel immer wieder herein. Der kleine Greif drückt sich an einen Ast oder verharrt still im Gebüsch, wo er dank seiner braunen Gefiederfarbe kaum auffällt, und plötzlich, nachdem die Vögel sich beruhigt haben, prescht er hervor und ergreift einen von ihnen mit seinen langen Fängen. Nicht jeder Jagdflug ist erfolgreich, aber die Aufregung, die der Sperber im Garten auslöst, hält lange Zeit an.

Zu fürchten haben die Kleinvögel meines Gartens, vor allem die freibrütenden unter ihnen, auch die Rabenvögel Elster, Eichelhäher und Rabenkrähe, die lautlos im Garten erscheinen und fast jedes Gelege in Baum und Strauch finden und austrinken. Glücklicherweise sind viele Vögel lernfähig und verstecken ihre Nester so sicher im Gartengehölz, dass ihre Jungen unbehelligt dort aufwachsen. Auch werden erfahrene Altvögel niemals mit Futter im Schnabel direkt ihr Nest anfliegen ... sie werden beobachtet; die Schläue der Raben ist bekannt.

Nicht nur die Freibrüter sind gefährdet, sondern auch die flüggen Jungen der Höhlenbrüter, wenn diese die sichere Höhle verlassen. Nicht selten nimmt sich dann der Eichelhäher einen Jungvogel. Sicherheit bieten der

Vogeljugend dichte Hecken und Büsche im vogelfreundlichen Garten; sie sind Unterschlupf bei Gefahr.
Oft ärgere ich mich über Wald- und Rötelmäuse, die gewandt durch das Efeu am Haus turnen und dabei den brütenden Zaunkönig, die Amsel und die Bachstelze stören. Einige Male haben diese deshalb ihre Gelege verlassen. Wo Mäuse sehr zahlreich sind, werden sie zu Konkurrenten der Höhlenbrüter und üben damit ebenfalls einen Druck auf deren Populationen aus. Dass Mäuse Vogelgelege plündern, habe ich oft beobachtet.
Eichhörnchen erreichen jeden Winkel im Garten und verschmähen Vogeleier nicht; und der Gartenschläfer, auch Winterschläfer wie der Siebenschläfer, vergreift sich an Vögeln bis zur Amselgröße.

Kleine Plagegeister

Manch eine eingegangene Vogelbrut geht auf das Konto der bereits erwähnten Blutsauger und Federn fressenden Parasiten. Allen voran die Flöhe, die ihre Eier im weichen und warmen Vogelnest ablegen, wo der Puppenkokon überwintert. Die herbstliche Nistkastenreinigung ist deshalb unerlässlich! Die Flohlarven leben von den Federschuppen, die fertigen Flöhe aber sind gierige Blutsauger, die den Vögeln die Lebenskraft schmälern. Auch die Blutfliege überfällt die Höhlenbrüter im Nest. Sie legt ihre Bruttönnchen in einen Knäuel aus Haaren und Wolle verpackt in die Nester. Ihre Maden sind unersättliche Blutsauger, die vor allem den Jungvögeln im Nest gefährlich werden. Kommen noch Lederzecken und Rote Vogelmilben hinzu, ist es um die Vogelbrut geschehen.
Haben Jungvögel endlich die Höhle verlassen, müssen sie vor den Rabenvögeln, Marder, Katze, Habicht, Sperber und Waldkauz auf der Hut sein – der Druck auf die Kleinvogelpopulationen im Garten ist groß.
Viele vom Vogelfreund unbemerkte Tragödien spielen sich jährlich im und am Nistkasten ab. Verhindern kann man sie nicht, aber Vorbeugen ist möglich, wenn man stabile und sichere Nistkästen baut und diese an sorgfältig ausgesuchten Plätzen anbringt und sie dort beobachtet. Oft aber sorgt schon die regelmäßige Anwesenheit des Vogelfreundes für ein geordnetes Tierleben im Garten.

Eichhörnchen beziehen geräumige Nistkästen und stören oder zerstören dort Vogelbruten.

Die Bewohner

Sind Nahrung und Nistmöglichkeiten reichlich vorhanden, wird uns eine bunte Vogelschar im Jahreslauf erfreuen. Im Folgenden werden die wichtigsten und häufigsten Brutvögel der Höhlen- und Halbhöhlen-Nistkästen sowie einige Nischenbrüter vorgestellt. Man kann hier die Nester und Eier kennenlernen und erfährt die wichtigsten Fakten zur Brutbiologie der Arten. Auch kleine Säuger und Insekten sind Nutznießer der Nisthilfen für Gartenvögel.

Höhlenbrüter

Die häufigsten und bekanntesten Höhlenbrüter sind die Meisen. Auch im kleinsten Garten sind sie zu Hause. Die folgende Übersicht stellt aber auch andere Bewohner der geschlossenen Nistkästen vor. Die Reihenfolge entspricht dabei der Bedeutung, die sie im Garten bzw. für den Naturschutz haben.

Kohlmeise *(Parus major)*

Die häufigste und verbreiteste Meise im Tiefland und in Mittelgebirgen, deren »Glöckchen« an sonnigen Vorfrühlingstagen von früh bis spät in den Nachmittag hinein zu vernehmen sind.
Im Winterhalbjahr oft in großen, lockeren Flügen in Wäldern, Parks und Gärten unterwegs. Im Frühjahr und Sommer zusammen mit anderen Meisen dort auch in Höhlen aller Art, bevorzugt in Nistkästen, brütend.
Im Winter regelmäßiger Futterhausbesucher, der aggressiv gegenüber Artgenossen auftritt: Mit gespreizten Flügen und geöffnetem Schnabel wird der »Gegner« angesprungen. Ende März, Anfang April schreitet das Paar zur Brut. Das Nest ist ein dichter Bau aus Moosen, Gräsern, Tier- und Pflanzenwolle und Tierhaaren. Die 6–12 weißen, rotbraun gefleckten Eier werden vom Weibchen 10–14 Tage lang bebrütet, die Nestlinge etwa 22 Tage von beiden Partnern mit Insekten aller Art, Raupen, kleinsten Tierchen und Sämereien gefüttert.
Meisen sind neugierige Vögel. Auf der Suche nach Nahrung wird alles Verdächtige untersucht, notfalls angepickt. Die dicke Plastikplane, mit dem ein Komposthaufen zugedeckt war, wurde von Kohlmeisen durchlöchert. Mit ihrem harten Schnabel ist die Kohlmeise in der Lage, sogar harte Schalen von Walnüssen aufzuschlagen.

Die Kombination aus Schwarz, Weiß und Gelb macht die Kohlmeise unverkennbar.

Das Nest der Kohlmeise besteht aus Moosen, die Nestmulde ist mit Tierwolle durchwirkt.

Blaumeise *(Parus caeruleus)*

Ganzjahresvogel in Laub- und Mischwäldern, Parks und Feldgehölzen des Tieflandes und den Niederungen der Gebirge. Nordische Populationen treten hin und wieder als »Invasionsvögel« in Erscheinung, die südwärts ziehen.

Diese kleine Meise mit dem auffallend blauen Mützchen ist Höhlenbrüter und baut von allen Meisen das federreichste Moos-Gras-Nest. Sie bevorzugt Nistkästen mit einem Fluglochdurchmesser von etwa 27 mm, wodurch sie von Brutstörern der anderen Arten verschont bleibt.

Das Weibchen bebrütet ab April 7–12 weiße, rotbraun betupfte Eier 12–16 Tage lang. Beide Partner füttern die Nestlinge 15–20 Tage mit allerlei Insekten, weichen Sämereien und Spinnentieren. Mitunter beteiligen sich Jungvögel des Vorjahres gemeinsam mit »ihren Eltern« am Nestbau oder helfen bei der Aufzucht der jüngeren Geschwister.

Die Blaumeise ist regelmäßiger Futterhausbesucher, wo Streitereien mit anderen Meisen an der Tagesordnung sind.

Blaumeisen arbeiten viele Federn in ihr Nest ein.

Die Blaumeise ist einer unserer wenigen Vögel mit auffälligen Blautönen.

Tannenmeise *(Parus ater)*

Die auffallend kurzgestaltige, schwarzweißgraue Meise ist verbreiteter Höhlenbrüter im Tiefland, aber auch in Gebirgswäldern bis zur Baumgrenze. Standvogel, deren östliche und nördliche Populationen vor Wintereinbruch mitunter südwärts ziehen. Sie ist gesellig und zigeunert im Winterhalbjahr mit anderen Meisen durch die Wälder.
Sie brütet im Mischwald und im Nadelwald, auch in Gärten und Parks, wo sie geeignete Höhlen vorfindet: Baumhöhlen, Höhlen in Wurzelstöcken, aber auch Erdhöhlen in Böschungen. Das Moosnest ist mit feinem Gras und Würzelchen durchwirkt und mit Tierhaaren ausgepolstert.
Es werden zwei Bruten zwischen April und Juni gezeitigt. Die 7–10 weißen, fein rötlichbraun betupften Eier werden vom Weibchen in 14–18 Tagen bebrütet. Beide Partner füttern die Nestlinge bis zu 20 Tage in der Höhle mit allerlei Insektennahrung und weichen Sämereien.
Nach der Brutzeit erscheinen Tannenmeisen regelmäßig in kleinen Flügen in Gärten und Siedlungen.

Haubenmeise *(Parus cristatus)*

Die Meise des Nadelwaldes! Lebt vom Tiefland bis zur Baumgrenze im Gebirge und brütet als ortstreuer Strandvogel in hohlen Bäumen, Baumspalten, aber auch in künstlichen Höhlen. Brütet im Nadel- und Mischwald, seltener in Gärten und Parks.
Findet sie keine geeignete Baumhöhle oder einen Nistkasten, so zimmert sie wie die Weidenmeise ihre Höhle in morsches Holz. Sie zeitigt in der Regel zwei Bruten zwischen April und Juni mit je 5–7 weißen,

Die Tannenmeise ist ein typischer Strichvogel unserer Heimat.

Haubenmeisen fallen durch ihre namensgebende Federhaube auf.

Moosnest der Haubenmeise mit vielen Pflanzenfasern.

rotbraun gefleckten Eiern, die vom Weibchen 15–18 Tage bebrütet werden. Beide Partner füttern die Nestlinge 18–21 Tage. Während der Brutzeit versorgt das Männchen das Weibchen mit Insekten, Spinnentieren und Sämereien aller Art.
Eine nicht sehr häufige Meise, die mit ihrem spitzen Federhäubchen sofort auffällt. In waldreichen Kuranlagen zeigt sich der Vogel wenig scheu und nimmt dargereichtes Futter von der Hand. Am Futterhaus ist er regelmäßiger Besucher und nimmt gerne Fettfutter.

Sumpfmeise *(Parus palustris)*

Sie ist verbreiteter Höhlenbrüter im Tiefland und in lichten Gebirgstälern, dort jedoch seltener. Stand- und Strichvogel, der aber selten große Wanderungen unternimmt. Sie bewohnt Laubwälder, Gärten und Parks, doch auch kleine Feldgehölze, die mit Hohlwegen und baumbestandenen Hecken mit dem Wald vernetzt sind und ihr Bruthöhlen in hohlen Bäumen oder Nistkästen bieten.
Das Nest ist ein typisches Meisennest aus Moos, feinen Gräsern, Bastfasern. Die Mulde ist mit Tier- und Pflanzenwolle ausgepolstert, auch kleine Federn werden eingetragen.
Ende April, Anfang Mai bebrütet das Weibchen 7–8(10) weiße, rotbraun gefleckte Eier 14 Tage lang.
Die Nestlinge verlassen nach 17–20 Tagen die Höhle, werden aber noch bis in den Sommer hinein mit Insekten aller Art und weichen Sämereien gefüttert. Im Winter ist sie regelmäßiger Futterhausbesucher und weniger scheu als im Brutrevier.

Auffälligstes Merkmal der Sumpfmeise ist die schwarzweiße Kopfzeichnung.

Weidenmeise *(Parus montanus)*

Besonders in Feuchtgebieten und Auenwäldern mit Birken, Pappeln, Erlen und Weiden ist die seltene Meise Brutvogel. Dort zimmert sie in morschen Wurzelstöcken und Bäumen ihre Bruthöhle, die meistens am Einschlupf eng ist, der birnenförmige Brutplatz im Inneren aber geräumig für 6–8(10) Junge.
Das Nest ist ein loser Bau aus Holzspänen, Bastfasern und vielerorts aus Blatthüllen der Buchen. Die Mulde ist mit Tier- und Pflanzenwolle ausgelegt. Die Eier sind auf weißlichem Grund rotbraun gefleckt. Im April oder Mai brütet das Weibchen etwa 13 Tage lang. Beide Partner füttern die Nestlinge 16–19 Tage lang mit allerlei Insekten, deren Larven, Raupen und weichen Beeren.
In der Gefiederfarbe und Zeichnung ist sie der Sumpfmeise sehr ähnlich.

Kleiber *(Sitta europaea)*

Der lebhafte Baumkletterer mit dem kräftigen Schnabel ist überall verbreiteter Brutvogel. Höhlenbrüter, der das Einflugloch zu seiner Höhle mit feuchter Erde (Lehm) verkleinert und sich damit seinen Brutplatz gegenüber anderen Höhlensuchern sichert. Sogar große Astlöcher oder die Öffnungen großer Nistkästen für Eulen »mauert« er, nur einen kleinen Einschlupf freilassend, zu.
Häufiger Futterhausbesucher, der Sonnenblumenkerne und Nüsse zu Baum- und Rindenspalten trägt, um sie dort in seiner »Schmiede« besser bearbeiten zu können. Typisch ist im Frühjahr sein weithin hörbarer Reviergesang, vorgetragen zur Abgrenzung seines Territoriums und als Balzgesang.
Als Nestmaterial verwendet der Kleiber Spiegelrinden von Kiefern oder Buchen.

Die Weidenmeise ähnelt der Sumpfmeise, kommt aber seltener in Gärten.

Einige Zentimeter aufgeschichtet, bilden sie eine saubere Nistunterlage, die von Federlingen und anderen Plagegeistern der Vögel weitgehend gemieden wird.

Die 5–8 weißen, rotbraun gefleckten Eier werden 15 Tage lang vom Weibchen bebrütet, die Nestlinge von beiden Partnern bis zu 25 Tage mit Insekten und Sämereien gefüttert. Stand- und Strichvogel; größere Wanderungen sind selten.

Der im Volksmund auch »Spechtmeise« genannte, robuste Vogel fällt durch sein blaugraues Obergefieder und die orangerote Brust auf. Bei Altvögeln ist die schwarze Augenbinde ausgeprägt.

Kleiber laufen gern kopfunter die Baumstämme entlang.

Vom Kleiber mit feuchtem Lehm festgemauerte Vorderklappe einer im Handel erhältlichen Holzbetonhöhle.

Das Kleibernest besteht meistens aus Spiegelrinde von Kiefer oder Buche, je nach Baumart im Revier.

Trauerschnäpper *(Ficedula hypoleuca)*

Auffällig Schwarzweiß zeigt sich das Männchen im Federkleid, das Weibchen dagegen schlicht in Braun. Brütet im Gegensatz zum Halsbandschnäpper auch im Nadelwald. Mangelt es dort an geeigneten Baumhöhlen, so siedelt er auch in Feldgehölzen und in Gärten in Nistkästen.

Das Nest ist ein flacher Bau aus Gräsern, Würzelchen und trockenen Blättern, oft mit Spiegelrinden und Holzstückchen durchwirkt. Die Nestmulde ist mit feiner Pflanzenwolle und mit Tierhaaren ausgelegt.

Als »Spätheimkehrer« schreitet der Trauerschnäpper erst Ende Mai oder Anfang Juni zur Brut. Das Weibchen bebrütet die 4–7 zart grünlichblauen Eier 12–15 Tage und wird in dieser Zeit vom Männchen mit Nahrung versorgt, überwiegend fliegende Insekten. Beide Partner füttern die Nestlinge 13–16 Tage in der Höhle.

Nur das Männchen des Trauerschnäppers ist so auffällig schwarzweiß gezeichnet.

Halsbandschnäpper *(Ficedula albicollis)*

Zu den markanten Erscheinungen in der heimischen Vogelwelt gehören Halsband- und Trauerschnäpper. Beide sind Langstreckenzieher, die vermutlich im tropischen Afrika überwintern und von April bis August/September im Brutgebiet weilen. Das schwarzweiße Männchen des Halsbandschnäppers zeigt ein auffallend weißes Halsband, das dem Vogel den Namen gab.

Da beide Schnäpperarten spät im Frühjahr im Brutgebiet eintreffen, sind die meisten gut platzierten Nistkästen bereits von anderen Höhlenbrütern besetzt. Der Vogelfreund hängt deshalb Ende April noch ein paar zusätzliche Nistkästen auf und bietet den »Spätheimkehrern« damit eine Nistmöglichkeit .

Der Halsbandschnäpper brütet bevorzugt in Laubmischwäldern und lichten Parkanlagen, wo Baumhöhlen oder Nistkästen vorhanden

Wie der Trauerschnäpper ist auch der Halsbandschnäpper (hier Männchen) ein »Spätheimkehrer«.

sind. Das Nest ist ein lockerer Bau aus Gräsern, Blättern, Würzelchen, die Mulde mit feinem Pflanzenmaterial ausgelegt.
Ende Mai bebrütet das Weibchen die 4–6 hellblauen Eier 12–15 Tage lang. Beide Partner füttern die Nestlinge in der Höhle mit fliegenden Insekten aller Art, darunter auch kleine Schmetterlinge.

Gartenrotschwanz *(Phoenicurus phoenicurus)*

Das Männchen des Gartenrotschwanzes ist auffälliger gefärbt als das Weibchen.

Langstreckenzieher, der im April aus dem afrikanischen Winterquartier in sein Brutgebiet (Gärten, Parks, Mischwälder und baumreiche Siedlungen im Tiefland und im Mittelgebirge) zurückkehrt.
Auffallend das bunte Männchen mit dem schwarzen Gesicht, dem weißen Stirnband und dem orangeroten Brustgefieder. Das Weibchen ist eher unscheinbar bräunlich, hat aber auch den roten Schwanz.
Der abwechslungsreiche, helle Gesang des Männchens ist schon in der Morgendämmerung zu vernehmen, vorgetragen von hoher Warte, etwa einem Dachgiebel oder hervorstehendem Ast. Alte Männchen bauen in den Gesang zarte Elemente anderer Vogelstimmen ein.
Brutplätze sind Mauernischen, hohle Bäume und Nistkästen. Das Nest ist ein lockerer Bau aus Gras, Bastfasern, Pflanzenwolle, die Mulde weich mit Tierhaaren und Federn ausgelegt.
Die 5–7(8) blaugrünen Eier bebrütet hauptsächlich das Weibchen in 13–14 Tagen. Beide Partner füttern die Nestlinge 12–15 Tage lang mit Insektennahrung.
In vielen intensiv bewirtschafteten Gärten fehlt dieser schöne Vogel, vor allem dort, wo zu oft mit der »chemischen Keule« gearbeitet wird; die giftbenetzte Nahrung ist der Vögel Tod!

Feldsperling *(Passer montanus)*

Getreu seines Namens ist er verbreiteter Brutvogel in geeigneten Höhlen der Feldgehölze und Obstgärten. Als Insektenvertilger kommt ihm dieselbe Bedeutung in der biologischen Schädlingsbekämpfung zu wie etwa den heimischen Meisen.
Er ist kleiner als der Haussperling und intensiver braun bis rotbraun im Gefieder; seitlich am Kopf fallen die länglichen, schwarzen Flecken auf.
Wo er in der Nähe bäuerlicher Anwesen vorkommt, ist sein Nest ein einziger bunter Federball mit tiefer, warmer Mulde, ausge-

Feldsperling, Junge fütternd. Männchen und Weibchen sind gleich gefärbt.

In der Nähe eines Geflügelhofes bauten Feldsperlinge ein Nest aus auffälligen bunten Federn.

polstert mit Tierhaaren und allerlei Wolle. Nicht selten hängt das Nistmaterial aus dem Einflugloch heraus. Spiel- und Schlafnester sind bekannt, oft sind diese mit kleinen Blüten beschickt.

Ende April schreitet das Sperlingspaar zur Brut, zwei weitere Bruten sind keine Seltenheit. Die 4–6 weißlichbraunen, dicht braun gefleckten Eier werden von beiden Partnern 13–14 Tage lang bebrütet, die Nestlinge 13–15 Tage mit Insekten aller Art, Sämereien, frischen Pflanzenteilen und zarten Früchten gefüttert. Der Feldsperling ist nicht so eng an sein Brutgebiet gebunden wie der Haussperling; Zugvögel unter ihnen sind bekannt.

Haussperling *(Passer domesticus)*

Ein häufiger, sehr geselliger Brutvogel in menschlichen Siedlungen. Gefiederfarbe und Zeichnung beim Männchen sind auffallend braun, rotbraun bis grau, die Farbe des Weibchens dagegen ist schlicht braun. Alte Männchen haben eine graue Stirn und schwarzes Kehlgefieder.

Ortstreuer Standvogel, der unter Hausdächern, in Baumhöhlen, Mauerlöchern, im Efeu und wildem Wein an Hauswänden sein umfangreiches Grasnest baut, das mit vielen Federn, Papierfetzen und Wolle durchwirkt ist und eine tiefe, warm ausgepolsterte Mulde hat. Als Koloniebrüter nimmt er Nistkästen seltener an als der Feldsperling.

Die 5–6 bläulich- oder grünlichweißen, dicht grau und braun betupften Eier werden von

Dieses Haussperling-Männchen füttert einen gerade ausgeflogenen Jungvogel.

Gelege des Haussperlings: grau und braun betupfte Eier im typischen Grasnest.

beiden Partnern 11–13 Tage lang bebrütet, die Nestlinge etwa 16 Tage mit Insekten aller Art, Insektenlarven, Raupen, Knospen und Sämereien gefüttert. 2–3 Bruten jährlich sind bekannt.

Zur Zeit der Gräser- und Getreidereife zigeunern oft große Sperlingsschwärme, Alt- und Jungvögel, durch die offene Landschaft, um das reiche Nahrungsangebot zu nutzen, kehren aber im Spätherbst in ihre Brutgebiete zurück.

Wendehals *(Jynx torquilla)*

Der sperlingsgroße, rindenfarbige Zugvogel gehört zur Familie der Spechte, zimmert aber keine eigene Bruthöhle. Er bezieht Baumhöhlen oder Nistkästen in aufgelockerten Obstgärten, Alleen, Parks und lichten Auwäldern im Tiefland und in hellen Bergtälern. Im April kehrt er aus dem afrikanischen Winterquartier zurück. Seine nasale, spechtrufartige Stimme ist dann in seinem Brutgebiet zu vernehmen.

Die 5–11 reinweißen, glänzenden Eier werden von beiden Partnern ab Mai 12–14 Tage lang bebrütet. Ein Nest wird nicht gebaut; die Eier liegen auf nacktem Boden. Zweitbruten sind bekannt.

Die Nestlinge werden in der Höhle 20–22 Tage mit Insekten, insbesondere mit kleinen Ameisen und deren Bruten gefüttert. Im September verlässt der Wendehals sein Brutgebiet wieder.

Wendehals an der Baumhöhle mit Ameisen im Schnabel.

Star *(Sturnus vulgaris)*

Der Imitator vieler Vogelstimmen und Geräusche, die zwischen schnurrenden und schnalzenden Phasen von der Sitzwarte aus vorgetragen werden, sind allerorts bekannt. Als Frühlingskünder an seinem Brutplatz, einer Baumhöhle oder einem hoch hängenden Nistkasten, ist er gerne gesehen, als Massenvogel in den Weingärten zur Traubenreife aber gehasst und verfolgt. Vor allem im Herbst zeichnen Stare in riesigen Schwärmen bei rasantem Flugmanöver Figuren am Himmel. Wo sie aber zur Nachruhe einfallen, verschmutzen sie oft Straßen, Autos und Gebäude.

Im Sommergefieder schillert der Star prächtig violett und grünlich.

Gelege des Stars in einem Nistkasten. Typisch sind die grünlichblauen Eier.

Mitte April liegen im einfachen Stroh-Gras-Nest 4–6 hellblaue bis grünlichblaue Eier, die von beiden Partnern 13–15 Tage bebrütet werden. Die Nestlinge werden 18–22 Tage mit Insekten, Larven von Bodentierchen, Würmern und weichen Früchten gefüttert.

Der Star gilt als der widerstandsfähigste Vogel der Kulturlandschaft. Seine Ansiedlung mit Nistkästen ist unter Fachleuten umstritten; natürliche Bruthöhlen für die Art sind reichlich vorhanden.

Hohltaube *(Columba oenas)*

Diese im Tiefland und Mittelgebirge selten gewordene Wildtaube ist deutlich kleiner als die häufige Ringeltaube und ein Zugvogel. Frühlingskünder im März in kleinen, lichten Altholzbeständen, die von Wiesen und Feldern umgeben sind. Laubmischwälder und Parks mit hohlen Bäumen oder Schwarzspechthöhlen werden als Brutplatz bevorzugt. Nistkästen, die höher als 4 Meter hoch hängen, werden gerne angenommen. Nistkasten-Dreierkolonien werden bevorzugt, da diese Taube saubere Brutstätten bei bis zu 4 Bruten aufsucht.

Das Nest ist ein einfacher, flacher Reisigbau mit Moos und Gras durchwirkt. Zwischen April und August bebrüten beide Partner jeweils 2

Die Hohltaube ist selten geworden und bedarf unseres Schutzes.

Ein ausgewachsener Steinkauz wird etwa 23 cm groß.

weiße Eier 16–18 Tage. Die Nahrung besteht aus Sämereien, weichen Pflanzenteilen, Früchten, Bucheckern und Bodeninsekten Ende Oktober verlässt die Hohltaube ihr Brutgebiet und überwintert im Mittelmeerraum.

Steinkauz *(Athene noctua)*

Dank der Erhaltung und des intensiven Schutzes alter Hochstamm-Obstanlagen und naturnaher Gärten, haben sich die Bestände dieser kleinen Eule überall erholt und stabilisiert. Als Höhlenbrüter zieht der Steinkauz seine 3–5 Jungen in Baumhöhlen, Mauerlöchern und gekappten Weiden auf; mardersichere Nistkästen werden gerne angenommen.
Ein Nest wird nicht gebaut. Die reinweißen, kurzovalen Eier liegen auf nacktem Boden. Der Vogelfreund gibt in die künstliche Höhle eine zwei Zentimeter hohe Schicht grober Holzspäne.
Das Weibchen brütet 25–30 Tage. Die Nestlinge verlassen die Höhle nach etwa 35 Tagen. Die Jagd auf Kleinsäuger aller Art, kleine Reptilien, Großinsekten und Regenwürmer betreibt der dämmerungs- und tagaktive Kauz auch am hellen Tag von einer Sitzwarte aus; typisch ist dabei sein Knicksen bei Erregung. Im Volksglauben war er früher als »Totenvogel« gefürchtet. In Griechenland wird er als der Vogel der Göttin Athene verehrt.

Halbhöhlen- und Nischenbrüter

Auch diese Arten werden in der Reihenfolge der Bedeutung für den Naturschutz angeführt. Natürlich ist die Sichtweise hier je nach Standpunkt unterschiedlich. In ländlichen Regionen spielen Schwalbennester an den Gebäuden eine größere Rolle und in den Städten gehören vielfach Mauersegler zu den häufigen Brutvögeln.

Bachstelze *(Motacilla alba alba)*

Im Volksmund »Ackermännchen« genannt, wegen ihres lebhaften Rennens über die Ackerscholle bei der Nahrungssuche. Typisch ist das ständige Wippen mit dem langen Schwanz. Als Kurzstreckenzieher, der in West- und Südeuropa überwintert, kehrt sie schon im Februar in ihr Brutgebiet im Tief- und Bergland zurück, wo sie bevorzugt in Wassernähe unter Brücken, in Mauerlöchern, Holzstößen oder in Halbhöhlennistkästen ihr Moos-Gras-Nest baut. Die Mulde ist mit Tierwolle, Haaren, Federchen und weichen Bastfasern ausgelegt.

Zwei Bruten mit je 4–6(7) weißlichgrauen, grau betupften Eiern werden von Mitte April bis Juli gezeitigt. Drittbruten sind bekannt, vermutlich nach Zerstörung des Zweitgeleges. Häufig Kuckuckswirt. Das Weibchen brütet 12–14 Tage, beide Partner füttern etwa 16 Tage lang die Nestlinge.

Nahrung sind sowohl fliegende als auch am Boden lebende Insekten. Am Wasser betreibt sie die Insektenjagd von Steinwällen im Bachbett aus erfolgreich. Die Reviere werden heftig gegen Artgenossen verteidigt. Dabei fällt auf, dass die Revierbesitzer regelmäßig die Reviergrenzen abfliegen oder ablaufen, dabei Insekten erhaschend.

Typisch für die Bachstelze ist das Wippen mit dem langen Schwanz.

Hausrotschwanz *(Phoenicurus ochruros)*

Bisweilen im Herbst noch vernimmt man das einfache, zischelnde Liedchen des in allen Landschaften verbreiteten Rotschwanzes. Grauschwarz das alte Männchen, etwas heller in Grau das Weibchen. Beide mit rotem Schwanz, der ständig erzittert.

Kurzstreckenzieher, der im Mittelmeerraum überwintert und im März in sein Brutgebiet zurückkehrt. Er bewohnt Dörfer und Städte

Hausrotschwanz-Weibchen wird von Jungen angebettelt. Das Männchen ist dunkler, schwärzlich.

sowie Steinbrüche und baut sein lockeres Grasnest, das mit Würzelchen durchwirkt und innen mit Tierhaaren ausgepolstert ist, in Mauerlöcher, Holzstapel, auf Haus- und Hüttenbalken, aber auch in künstliche Halbhöhlen.
Die 4–6 glänzendweißen Eier bebrütet das Weibchen in 13–14 Tagen. Beide Partner füttern die Nestlinge 12–17 Tage mit allerlei Insekten und reifen Beeren. Die Herbstwanderung setzt im September/Oktober ein. Viele Vögel ziehen aber erst im November, wenn die Insektennahrung knapp wird.

Hausrotschwanz-Gelege im lockeren Grasnest.

Grauschnäpper *(Muscicapa striata)*

Als Langstreckenzieher kehrt dieser Fliegenschnäpper im April aus seinem afrikanischen Winterquartier zurück und verlässt sein Brutgebiet in Mittelgebirgslagen und im Tiefland bereits im September wieder.
Auffallend sind sein Schwanz- und Flügelzucken und das plötzliche steile Auffliegen von seiner Sitzwarte aus, um vorüberfliegende

Manche Grauschnäpper nisten auch an ungewöhnlichen Orten wie Blumentöpfen oder Fensterbrettern.

Insekten zu erhaschen. Grauschnäpper bauen ein stabiles Nest in Mauernischen, in wildem Wein oder in die Ranken der Klematis am Haus, aber auch in künstliche Halbhöhlen, die versteckt an der Hauswand angebracht sind. Nestmaterial sind feine Würzelchen, Bastfasern und trockene Gräser, die Mulde ist mit Pflanzen- und Tierwolle ausgelegt. Im Mai bebrütet das Weibchen die 4–6 grünlichweißen, fein violettgrau oder rötlich betupften Eier in 12–13 Tagen. Beide Partner füttern die Nestlinge 14 Tage lang. Als Kuckuckswirt bekannt; seltener Zweitbruten.
Infolge intensiver Gartenbearbeitung mit dem Einsatz chemischer Spritz- und Stäubemittel leiden die Bestände der Grauschnäpper. Giftbenetzte Insekten sind der Insektenfresser Tod!

Rotkehlchen *(Erithacus rubecula)*

Der zutrauliche kleine Vogel mit der im Alterskleid leuchtend orangeroten Brust liebt gebüschreiche Gärten, Parks und Laubwälder, wo er sein großes Moos-Gras-Nest unter Wurzelstöcken, Grasbüschel, Reisig oder in immergrüner Bodenvegetation versteckt. Im Nestbau sind Rotkehlchen wahre Meister! Bei günstiger Witterung kann ein Nest innerhalb weniger Tage bezugsfertig sein. Die tiefe Mulde wird mit feinen Bastfasern, Pflanzenwolle und Tierhaaren ausgelegt. In einem Rotkehlchennest fand man eine zwei Meter lange Angelschnur, die vermutlich als Haar eingebaut wurde, aber für die Vögel eine Gefahrenquelle darstellte.
In der Regel werden jährlich zwei Bruten zwischen April und Juli gezeitigt. Die 5–6(7) weißen bis rötlichweißen Eier werden vom Weibchen in 13–14 Tagen bebrütet, die Nest-

Gelege des Rotkehlchens in sorgfältig ausgepolsterter Nestmulde.

linge 14 Tage von beiden Partnern mit Insekten gefüttert.
Als Weichfresser sucht das Rotkehlchen im Winter das Futterhaus auf und labt sich am Fettfutter, an Rosinen, gemahlenen Nüssen und Haferflocken. Einige Rotkehlchen verlassen als Kurzstreckenzieher vor dem Wintereinbruch ihr Brutgebiet. Altvögel vor allem aber bleiben im angestammten Lebensraum, wenn er ihnen genügend Nahrung und Unterschlupf bietet. Diese sind den Neuzugängen im Frühjahr gegenüber im Vorteil, da sie feste Reviere besitzen. Streitereien sind also vorprogrammiert und die werden sehr heftig ausgetragen. Als Kuckuckswirt bekannt.

Rotkehlchen können insbesondere in Gärten recht zutraulich werden.

Gartenbaumläufer *(Certhia brachydactyla)*

Beide Arten, Gartenbaumläufer und Waldbaumläufer *(Certhia familiaris)*, besiedeln dieselben Biotope, wobei der erstere mehr die offene Garten- und Parklandschaft bevorzugt. Baumläufer sind flinke, rindenfarbige Kletterer mit dünnem, leicht gebogenem Schnabel, der es ihnen ermöglicht, auch tief hinter der Baumrinde sitzende Insekten und Spinnentiere hervorzuholen. Verständigungslaute sind kurze, schrille Rufe, die vor allem im Nestbereich zu vernehmen sind. Im Winter wird auch Fettfutter an Futterhäuschen genommen.
Ideale Nistplätze sind abstehende Baumrinden, Baumspalten, Hohlräume hinter Bretterwänden, aber auch künstliche Höhlen aus Holz oder Holzbeton mit zwei seitlichen Ein-

Baumläufer fallen dadurch auf, dass sie flink die Baumstämme hinauf und hinab klettern.

Nest und Gelege des Gartenbaumläufers in einem abgenommenen Holzbeton-Nistkasten; links der Einflugschlitz.

Mehlschwalbe, Nistmaterial (Lehm) aus einer Pfütze aufnehmend.

flugschlitzen sowie am Baumstamm angebundene, gewölbte Fichtenrinden.
Das Nest ist ein fester Reisigbau, in dessen Mitte die tiefe Mulde mit Tier- und Pflanzenwolle ausgepolstert ist. Zwei Bruten mit je 4–7(8) Jungen werden zwischen April und Juli gezeitigt. Die weißen, rotbraun betupften Eier werden vom Weibchen in ca. 15 Tagen bebrütet. Beide Partner versorgen die Nestlinge 15–17 Tage lang.
Durch die graubraune Tarnfarbe fallen Baumläufer kaum auf; zufällig vielleicht an der Futterglocke oder im Futterhaus.

Mehlschwalbe *(Delichon urbica)*

Eine in ihrem Bestand europaweit stark gefährdete Vogelart! Früher in großen Kolonien an Hauswänden brütend, fehlen ihr heutzutage lehmiges, feuchtes Nistmaterial in den Siedlungen und rauverputzte Hauswände.
Die kleine weiße Schwalbe überwintert als Langstreckenzieher im Inneren Afrikas und ist zwischen April und September im Brutgebiet.
Das Nest in der geschlossenen Halbkugel besteht aus feinen Halmen und vielen Federn.
Die zwei Bruten mit je 4–5 weißen Eiern werden zwischen Mai und August gezeitigt. Beide Partner brüten 14–15 Tage. Die Nestlinge werden 20–22 Tage mit allerlei fliegenden Insekten gefüttert.
An geeigneten Stellen, vor allem in Siedlungen nahe offenen Gewässern, werden auch künstliche Nester aus Holzbeton als Nistplatz angenommen, wenn dort alte Originalnester vorhanden sind.

Rauchschwalbe *(Hirundo rustica)*

Wo die Hygiene der neuzeitlichen Viehhaltung in den Ställen die Rauchschwalbe noch duldet, wird sie den Bauern als Frühlingskünder mit ihrem munteren Gezwitscher erfreuen. Überwinternd in Afrika, kehrt sie Ende März, Anfang April in ihr Brutgebiet zurück und siedelt in Kuh- und Pferdeställen und anderen Gebäuden, z. B. in Reiterhöfen, die ihr freien Einflug gewähren.

Das Lehmnest wird an die Wand geklebt oder auf vorhandene Unterlagen gebaut und mit feinen Halmen und Federn ausgepolstert; künstliche Nester werden angenommen. Zweimal brütet das Weibchen, selten auch das Männchen, 3–6 weiße, rötlich oder violett gesprenkelte Eier in 15 Tagen aus. Beide Partner füttern die Nestlinge 20–24 Tage lang mit Fluginsekten aller Art, die meistens im Tiefflug über Feldern oder Gewässern erbeutet werden. Große Ansammlungen im Herbst kündigen das große Wandern gen Süden an.

Die Jungen dieser Rauschschwalbe stehen kurz vor dem Ausfliegen.

Mauersegler *(Apus apus)*

Der rasanteste Flieger in der heimischen Vogelwelt ist zweifellos der Mauersegler. Das wenige Nistmaterial, Halme, Federn, das er als Unterlage für seine 2 weißen, elliptischen Eier benötigt, schnappt er während des Fluges in der Luft auf. Die stürmische Balz ist ein luftakrobatisches Kunststück, und er schläft kurzzeitig sogar während des langen Fluges in das afrikanische Winterquartier und zurück in großen Höhen.

Mauersegler sind geschickte Flieger und schlafen sogar im Flug.

Als Nistplatz dienen ihm Mauernischen in hohen Gebäuden, Hohlräume unter den Dachziegeln und Spezialnistkästen, die unter dem Dachvorsprung angebracht werden. Das lockere Nest ist mit Speichel überzogen. Die Brutzeit zwischen Ende Mai und Juni beträgt 18–20 Tage; die Nestlinge werden 30–34 Tage mit fliegenden Insekten gefüttert.
Junge, flügge, aus dem Nest gefallene Mauersegler, können wegen der langen Flügel und der kurzen Füße vom Boden nicht starten und sind ohne Starthilfe, ein leichtes Schaukeln in die Luft hinein, verloren.
Mit jedem neuen Stahl-Glas-Hochhaus verringern sich für den Mauersegler die Nistchancen; unsere modernen Städte sind nicht mehr mauerseglerfreundlich.

Gelege des Turmfalken: die rotbraunen Eier sind dunkel gefleckt.

Turmfalken-Männchen mit (im Gegensatz zum Weibchen) blaugrauem Kopf und Schwanz.

Turmfalke *(Falco tinnunculus)*

Der Mäusespezialist unter den Greifvögeln ist auch im schneereichen Winter in der Landschaft beim Ansitz oder im »Rüttelflug« zu beobachten; mit raschen Flügelschlag »steht« der kleine Falke in der Luft und späht nach Beute. Auffallend rotbraun mit grauer Kopfhaube das alte Männchen, Weibchen und Jungvögel rotbraun mit vielen dunklen Punkten. Neben dem Mäusebussard der häufigste Greifvogel vom Tiefland bis ins Hochgebirge. Horstbezieher, der zur Aufzucht der 5–6(7) Jungen Baumhöhlen, Mauernischen, Hohlräume unter Dächern, aber auch Greifvogelhorste bezieht. Im April, Anfang Mai schreiten die Turmfalken zur Brut. Das Weibchen bebrütet die rotbraunen, dicht braun gefleckten Eier (variabel) in 21–27 Tagen. Beide Partner füttern 27–33 Tage mit Mäusen, kleinen Reptilien, Großinsekten und seltener mit kleinen Vögeln.

Andere Nistkastenbewohner

Nistkästen sind auch für einige »Kletterkünstler« unter den Säugetieren willkommene Tages- und Schlafplätze, Kinderstube oder Vorratskammer. Auch Insekten finden eine sichere Wohnung darin.

Bilche, Mäuse und Eichhörnchen

Lockere Laub- und Grasnester, oft mit frischem Baumgrün gestaltet, deuten auf die Anwesenheit von Wald- und Gelbhalsmaus oder unsere nachtaktiven Bilche, Siebenschläfer, Gartenschläfer und Haselmaus hin. Vor allem im Spätsommer halten sich ganze Familien dieser Tierchen in den Nistkästen auf. Im Spätsommer, wenn die Früchte reifen, frisst sich der weitverbreitete, stellenweise aber seltene **Siebenschläfer** ein Fettpolster an, sodass der sonst so flinke Baumkletterer träge wird und dann oft dem Waldkauz zum Opfer fällt. Ende September oder Anfang Oktober beginnt er seinen Winterschlaf in Erdnestern oder in Verstecken auf Dachböden und erwacht erst Ende April, manchmal auch erst im Juni. Sommernahrung sind Knospen, zarte Rinden, kleine Lebewesen, Sämereien, Waldfrüchte und Obst. Sommernest und Kinderstube oft in Nistkästen inmitten reicher Nahrungsgründe. Das Nest besteht aus Gräsern und sehr viel frischem Laub.

Siebenschläfer in einem Meisen-Nistkasten.

Bis auf die Nahrung ähnelt das Leben des **Gartenschläfers** dem des Siebenschläfers. Er verzehrt hauptsächlich tierische Nahrung, darunter wirbellose Tierchen, kleine Säuger, Vögel und deren Gelege. Vor allem höhlenbrütende Vögel sind seine Opfer. Sein Reisig-Gras-Nest baut er in der Regel in das dichte Gezweig von Büschen.

Die kleine **Haselmaus** bewohnt den selben Lebensraum wie der Siebenschläfer, bevorzugt dort aber die feuchten Gebiete mit großem Strauchanteil der Haselnuss. Sie besiedelt auch Nadelwälder und kommt im Gebirge bis zur Knieholzzone vor. Sie versteckt ihr Gras-Laub-Kugelnest oft in Nistkästen, baut dasselbe aber auch zwischen dichtem Graswuchs und Gebüsch. Neben zarten Knospen, Blüten und Blättern und Früchten ernährt sie sich von kleinen Nacktschnecken, Insekten aller Art und Regenwürmern. Ab September sucht sie in Laubhaufen oder Baumhöhlen ihren Winterschlafplatz, den sie erst im April wieder verlässt.

Auch **Waldmäuse** bewohnen manchmal unsere Nistkästen. Ich beobachtete einmal eine Waldmaus, die Haselnüsse und Eicheln in einen Nistkasten schleppte, der 6 m hoch an einem glatten Roteichenstamm hing; es war Schwerstarbeit für das kleine Tier.

In Hohltauben- und Waldkauz-Nistkästen fand ich die Kinderstube eines **Eichhörnchens**, das in der Regel im dichten Kronengezweig hoher Park- und Waldbäume einen »Kobel« baut, nicht selten noch mehrere Ausweichkobel, in welche bei Störung durch die Marder am Hauptnest die Jungen getragen werden.

Schlafende Haselmaus in einem Rotschwanznest.

Insekten

Hornissen und andere **Wespenarten** sind unliebsame Nistkastenbewohner. Doch sei darauf hingewiesen, dass Hornissen im Gegensatz zu den anderen Wespen harmlose Bewohner sind, die, bleiben sie ungestört, im Kasten ein friedliches Dasein führen. Hantiert man allerdings an ihrem Nistkasten, wobei das Hornissennest erschüttert wird, so gehen die wehrhaften Insekten zum Angriff über und der kann Berichten zufolge für den Störenfried lebensgefährlich enden, insbesondere wenn ein Allergie gegen Wespenstiche vorhanden ist. Der Ängstliche melde sich bei der zuständigen Naturschutzbehörde im Landratsamt, wo er die Adresse seines Hornissenspezialisten oder eines Imkers erhält, der weiter hilft. Auf keinen Fall zur Selbsthilfe greifen und »Umsiedlungsversuche« unternehmen!

Selten sind **Honigbienen** im Nistkasten. Hat sich darin aber ein »zigeunernder Schwarm« niedergelassen, hole man ebenfalls bei einem Imker Hilfe.

Ein Glückspilz der Gartenfreund, der **Hummeln** in einem Nistkasten beherbergt! Als Bestäuber vieler Pflanzen sind sie von großer ökologischer Bedeutung, aber einige Arten in ihrem Bestand gefährdet. An warmen Frühlingstagen suchen die Königinnen der Acker- und Steinhummel Höhlen zur Staatengründung. Die weichen Moosnester der früh brütenden Meisen sind ihnen sehr willkommen, um darin Brutzellen und Nektartönnchen einzubauen. Das Moosnest wird dabei völlig umgekrempelt. Mit ihrem lauten Gebrumm vertreiben sie den bereits brütenden Vogel, der aber bald wieder eine neue Bruthöhle findet.

Zur Zeit der Nistkastenreinigung ist der Hummelstaat abgestorben, sodass man das Nest untersuchen kann – eine faszinierende Aufgabe. Oft entdeckt man aber in diesen Nistkästen unter dem Dach ein zähes, braunes Gespinst, das sich nur schwer entfernen lässt. Es sind die Nester der Hummelwachsmotte, deren Raupenheer den Hummelstaat aufgefressen hat. Ein weiterer Grund, die Nistkästen im Herbst gründlich zu reinigen.

Die **Mörtelbiene**, eine unserer interessantesten Solitärbienen, befliegt trockene Nistkästen und klebt ihre Lehmzellen an Wände, Dach oder an die frisch gelegten Eier im Nest, worauf die Vögel die Nisthöhle verlassen. Da die Mörtelbienen gefährdet sind, sollte man ihre Lehmzellen nicht zerstören.

Vielleicht fallen bei der Zwischenkontrolle des Nistkastens im Sommer auf dem Nest walzenförmige Blattgebilde auf, die zigarrenähnlich gerollt nebeneinander liegen. Es handelt sich um die Brutröhrchen der **Blattschneiderbiene**. Alle Arten leben solitär, bilden also keine Staaten. Sie nisten in Pflanzenstengeln, Baumhöhlen und Nistkästen. Mit speziellen »Sammelbürsten« am Bauch wird der Pollen eingesammelt. Sobald im Frühjahr die Blätter der Bäume, z. B. der Birken, ausgereift sind und genug Blütenpollen zur Verfügung steht, schneiden und rollen die Blattschneiderbienen zarte Blätter, in die sie Eier und Nahrung für ihren Nachwuchs ablegen. Man sollte die Röllchen nicht entfernen, da die Blattschneiderbienen in ihrem Bestand gefährdet sind.

Von Hornissen besetzter Staren-Nistkasten.

Im aus einem Nistkasten entfernten Kohlmeisennest sind die Waben und Nektartönnchen eines Hummelstaates zu erkennen.

Winterfütterung

Die Vogelansiedlung im Garten verpflichtet uns zur gesunden, ausgewogenen Winterfütterung. Doch achten wir darauf, Körner- und Weichfresser gleichermaßen zu bedienen; Fettfutter hilft immer über den Winter. Gute Futtergeräte schützen Futter und Vogel vor Schnee und Regen. Der windgeschützte und katzensichere Standort von Futterhaus und Silo lädt die Gefiederten ein und ermöglicht uns vielfältige Beobachtungen.

Winterfütterung ist notwendig

An die Winterfütterung denkt der Vogelfreund bereits im Spätsommer und im Herbst, wenn die Beeren und Früchte reifen, die im Winter eine vitaminreiche Vogelnahrung ergeben. Ist der Garten mit verschiedenartigen Gehölzen bepflanzt, so wird er dort mühelos reife Früchte ernten und diese unter dem Dach an der Luft trocknen. Die meisten Beeren belässt man an Baum oder Strauch für die durchziehenden Drosseln, Grasmücken und Finken.

Gute Ernten versprechen Holunder, Eberesche, Wildrose, Kornelkirsche, Berberitze, Weißdorn, Sanddorn, Schlehdorn, Johannisbeere und Schneeball.

Viele mit sommerlicher Blumenpracht prahlende Gärten sind insekten- und vogelarm, weil ihre Besitzer sämtliche Wildkräuter mit allen Mitteln bekämpfen. Das veranlasst Ornithologen, das ganze Jahr über den Gartenvögeln zusätzliche Nahrung in Form von geriebenen Nüssen oder käuflichem Insektenfutter in geringen Mengen anzubieten, was vor allem den insektenverzehrenden Sommervögeln, wie Grasmücken, Braunellen, aber auch einigen Finkenarten zugute kommt.

Kritiker der Fütterung argumentieren, ein strenger Winter sei die Zeit der natürlichen Auslese, die Fütterung erhalte dem Ökosystem kranke und schwache Tiere, die nicht für gesunde Nachkommen sorgen. Man sollte sich durch solche Meinungen nicht irritieren lassen! Wer Nistkästen baut und Vögel damit ansiedelt, fühlt sich auch im Winter bei Eis und Schnee verpflichtet, für seine gefiederten Freunde zu sorgen.

Man weiß, dass bei Winterkälte durch den raschen Stoffwechsel ein ständiger Energieverbrauch und Auszehrung stattfinden, die nur durch eine dauerhafte Nahrungsgabe gestoppt werden können. Bei Kälte und Eis genügen wenige Morgenstunden ohne Nahrung, den Tod des Vogels herbeizuführen, durchlebt er doch eine lange Winternacht von ca. 15 bis 16 Stunden ohne Nahrungsaufnahme!

Doch nur die gesunde Winterfütterung ist eine wirkliche Hilfe und ein echter Beitrag zum Vogelschutz. Es gilt der Grundsatz: »Lieber gar nicht füttern als falsch!«

Gimpel (Dompfaff); Männchen frisst am Fruchtstand einer Eberesche.

Vögel machen glücklich

Ein weiteres Argument für die Winterfütterung ist die große emotionale Befriedigung durch die Vogelbeobachtung an der Futterstelle. Ob Jung oder Alt, für alle ist das lebhafte Treiben an den ausgelegten Futtergaben ein besonderes, naturnahes Erlebnis, das ablenkt von Hektik und Alltagssorgen.
Oft sind die Meisen, Kleiber und Amseln am Futterhaus vor dem Fenster für alte und kranke Menschen der einzige Kontakt zur lebendigen Umwelt und für die Kleinsten im Kindergarten das erste große Naturerlebnis.
Die Frage nach der Notwendigkeit der Winterfütterung lässt sich dahingehend beantworten, dass Futtergaben bei geschlossener Schneedecke und bei Glatteis ein Vogelsterben verhindern. Man bedenke, dass in einer immer weiter zurückgedrängten und belasteten Natur sogar einst häufige Vögel wie die als widerstandsfähig geltenden Haussperlinge in manchen Gegenden in ihrem Bestand bedroht sind. Es findet eine stete zusätzlich vom Menschen bewirkte Auslese durch Umweltgifte und Lebensraumzerstörungen statt, was eine verantwortungsbewusste Fütterung der Vögel rechtfertigt.

Was und wie viel füttern?

In früheren Jahren hängten Förster und Jäger im Winter Fuchskerne und andere, nicht für den Verzehr bestimmte Wildkadaver im Walde auf – ein willkommenes fett- und vitaminhaltiges Futter für fast alle Wintervögel, insbesondere für Spechte und Meisen. Solche Futtergaben sind aus hygienischen Gründen heutzutage gesetzlich verboten. Die Erfahrungsberichte der Jäger aber machen deutlich, dass Fettfutter die gesündeste Futtergabe im Winter ist. Wo auf dem Lande noch die Hausschlachtung betrieben wird, hängt man Schweinenabel und ungesalzenen Speck auf. Nüsse und Sonnenblumenkerne enthalten Fette, und wenn man sich die Mühe macht, verschiedene Futtermittel zu mischen, wird eine bunte Vogelschar am Futterhaus nicht ausbleiben.
Futtertabellen gibt es viele. Doch sollte man die Winterfütterung nicht zu einer komplizierten Angelegenheit machen.
In einem süddeutschen Vogelschutz-, Lehr- und Versuchsrevier verfütterte man über mehrere Jahrzehnte hinweg bei unterschiedlich kaltem Winterwetter Futtermischungen, die alles enthielten, was man Wintervögeln anbieten darf: getrocknete und geriebene

Blaumeisen am Futtersilo.

Körner, Beeren und vielerlei Sämereien, Haferflocken, mit Öl getränkte Beeren und Rindertalg, Hasel- und Erdnüsse, Piniensamen und Hanf.

Die verschiedenen Vögel holten sich vom Futterhaus, was ihnen am besten schmeckte. Da der Betrieb an einem Futterhaus für die »zarten Besucher« wie Rotkehlchen, Zaunkönig und die kleinen Meisen Stress bedeutete, legte man ihnen abseits des großen Futterhauses eine kleinere Futterstelle an und hing zusätzlich selbst gegossene Futterglocken und Knödel auf, die auch von den Spechten dort besucht wurden. Erfreulich war, dass auch die kleinen Baumläufer sich an diesen ruhigen Plätzen einstellten.

Die Versuche, den verschiedenen Vogelarten bestimmte Futtergaben nach der Tabelle anzubieten, scheiterten immer an der »Raffinesse« der Wintervögel, alle Futtergeräte aufzusuchen, um überall das herauszupicken, was am besten schmeckte.

Das Silo wird mit trockenem Futter beschickt.

Um den Meisen und Kleibern, die auf großer Futterfläche stets den größeren und stärkeren Besuchern, z. B. den Kernbeißern, weichen müssen, eine geregelte Nahrungsaufnahme zu sichern, baut man ein Futtersilo (siehe Bauplan S. 96/97).

Im Silo liegt das Futter trocken und die Vögel treten bei der Futteraufnahme nicht hinein; die schräge Schütte im Inneren gibt immer nur einige Körner frei, die aufgenommen und im Baum oder im Strauch nebenan verspeist werden. Das Dach ist aufklappbar und ermöglicht das Nachfüllen des Futters. Genau genommen ist das Silo die »sauberste Winterfütterung«, vorausgesetzt, das Futter ist trocken; feuchtes Futter rutscht nicht nach und schimmelt. Der Beobachter allerdings erlebt am Futtersilo nicht so intensiv das verschiedenartige bunte Vogelvolk, da die Vögel immer rasch wegfliegen.

Der richtige Zeitpunkt

Bei Eisregen, geschlossener Schneedecke und anhaltendem Frostwetter um minus 5 Grad geraten unsere Vögel in Nahrungsnot. Vorsorglich aber beginnt man mit der Winterfütterung bereits an den ersten kalten Tagen, indem man mit kleinen Futtergaben, z. B. einem Meisenknödel oder geringen Portionen Mischfutter und zerriebenen Beeren, den Vögeln »signalisiert«, wo sie Futter in der Notzeit finden werden. Setzt noch einmal eine milde Witterungsphase ein, so schmälert man die Futtergaben.

Einen Fütterungszeitplan nach dem Kalender

gibt es nicht. Eine zweckmäßige, gesunde Fütterung ist immer vom Wetter abhängig. Das gilt auch für das Beenden der Winterfütterung im Frühjahr! Es sollte nicht abrupt erfolgen, doch muss die großangelegte Fütterung beendet sein, sobald die Tage wärmer werden und überall in der Natur mit dem Austrieb der Blätter die Vögel wieder frische Nahrung finden. Für den Fall eines plötzlichen Kälteeinbruchs und für eine in bestimmten Gebieten notwendige Sommerfütterung hält man sauberes und gesundes Futter bereit.
Der entscheidende Faktor bei der Winterfütterung ist und bleibt die Qualität, d. h., kleine Mengen frischen Futters, z. B. selbst gegossene Futterglocken aus Rindertalg und Kleie oder Körner, Beeren und Sämereien vom letzten Sommer und Herbst, erhalten die Vögel gesund, große Mengen unbekannter Herkunft sind nur von halbem Wert.
Ist die Futterfläche im Häuschen einmal leer gefressen und man kommt nicht sofort zum Nachschütten, so ist das kein Problem: Andere Leute füttern auch; die Vögel haben ein Gespür dafür.

Feldsperling, Kohlmeise und Blaumeise an einem Meisenknödel.

Das Weiterfüttern in den Sommer hinein mit den gewohnten Futtermengen geschieht aus falsch verstandener Tierliebe. Man bedenke, dass die Vögel zur Aufzucht ihrer Jungen artspezifische Nahrung aus der Natur benötigen. Diese enthält vielerlei wichtige Aufbaustoffe. Auch sind Vögel unentbehrliche Helfer des Menschen im Kampf gegen Schadinsekten in Garten, Flur und Wald. Die sommerlichen Futtergaben sollten sie also nicht von ihrem nützlichen Wirken abhalten.

Mein besonderer Tipp

Käufliche Meisenknödel sind in der Regel hart und gefrieren bei Minusgraden, sodass die kleinen Meisen und auch Rotkehlchen und Baumläufer mit ihren feinen Schnäbeln kaum in der Lage sind, Futterteilchen herauszupicken. Es empfiehlt sich, diese Knödel vor dem Aufhängen weich zu klopfen.

Futtergeräte und Futter

Beim Bau eines Futterhauses sind der Phantasie zwar keine Grenzen gesetzt, doch ist zu beachten, dass die Futterfläche vor Regen, Schnee und Wind geschützt ist. Man baut also ein großes Dach über ein kleines Futterbrett. Das am häufigsten gebaute Futterhaus ist das »Hessische«, eine Konstruktion, die alle Voraussetzungen einer sicheren Futterstelle erfüllt. Die große Ausführung steht auf 4 Pfählen, die kleine auf einem Haltepfahl. Der beste Standort für das Futterhaus ist eine freie Rasenfläche, wo Sträucher und Bäume in einem Abstand von ca. 2–2,50 m den Vögeln sicheren Unterschlupf bei Auftauchen eines Feindes bieten. Ich habe zusätzlich einen lockeren Reisighaufen neben meinem Futterhaus aufgesetzt, in welchem sich die kleinen Vögel sofort verstecken können, wenn Gefahr droht.

Die **Weichfresserschütte** für Rotkehlchen, Zaunkönig, Heckenbraunelle u. a. ist eine seitlich aufgesägte, rechteckige Kiste mit einer Dach- und Bodenfläche von 60 × 40 cm und einer Höhe von 30 cm (siehe Zeichnung auf der rechten Seite). Diese Kastenschütte, abgedeckt mit einem Fichten- oder Tannenzweig, platziert man am Gebüschrand so, dass die Vögel freie Sicht ins Gelände haben und anschleichende Beutegreifer sofort erkannt werden.

Amseln naschen gerne ausgelegte Äpfel. Zeisige, Kohl- und Blaumeisen sowie Gimpel, seltener Stieglitze, fressen am Streufutter. Eine Bodenfütterung ist hygienisch nicht die beste Lösung, wird aber gern besucht.

Nicht gerade die beste Lösung: Weil Vogelfeinde sich unbemerkt nähern können, sollten Futterhäuschen, hier besucht von Feldsperlingen und Kohlmeise, niemals so dicht an einem Gehölz aufgestellt werden.

Amseln und auch andere Drosseln nehmen gerne ausgelegte Äpfel an. Auch diese Futtergaben sollte man schneegeschützt anbieten. Weichfresser leben von tierischer Kost und feinen Samen.
Die **Ammer-** und **Feldhuhnschütte** ist die vergrößerte Ausgabe der Weichfresserschütte, wird aber am deckungsreichen Wald- oder Parkrand aufgestellt. Feldhühner leben im Schutz von Hecke und Strauch.
An der Feldhuhnschütte stellen sich auch Gold- und Grauammern ein. Bewährt hat sich eine Bodenfläche von 1,50 m × 70 cm und eine Höhe von ca. 60 cm. Dreschabfälle, Heustreu, Getreide, Mais und andere Sämereien sind eine willkommene Winternahrung.

Muss das Futterhaus »maßgeschneidert« sein?

Ich habe viele Futterhäuser nach technischen Vorgaben gebaut, die schönsten aber ohne Bauplan und Maßangabe! Birkenstämmchen habe ich mir beim Förster gekauft, lange Nägel im Eisenwarengeschäft. Ein paar dicke Bretter waren vom Nistkastenbau übrig geblieben und in einer Gärtnerei bekam ich eine »ausgediente« Rohrmatte, die ich später auf die Dachbretter nagelte. Kleine Futterfläche und großes, überstehendes Dach – an diese sehr allgemeinen Vorgaben hielt ich mich beim Bau meines naturnahen Futterhauses, das seinen Platz im Steingarten bekam.

(Fortsetzung auf S. 101)

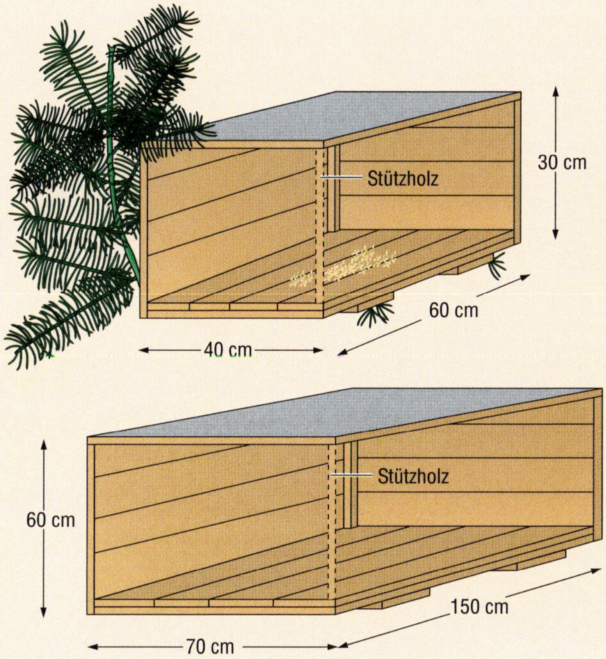

Futterschütten lassen sich leicht aus stabilen Holzkisten anfertigen. Oben die Version für Weichfresser, darunter die etwas größere Variante für Ammern und Feldhühner.

Das Kleine Hessische Futterhaus

Zum Eigenbau kann man alle Holzarten verwenden.
Ist das Dachgestell (Nr. 1+2) zusammengefügt, genagelt oder verschraubt, setzt man Glasscheiben ein; Sicherheitsglas hat sich bewährt. Einfacher und billiger ist die Verwendung von durchsichtiger, stabiler Folie, die man je nach Lichtdurchlässigkeit auch doppelt spannen kann. Bei Zerstörung ist sie ohne Probleme zu ersetzen und den Wind hält auch sie von der Futterfläche ab.
Beim Zusammenbau des Daches ist darauf zu achten, dass die Dachdreiecke abgeschrägt zusammengefügt werden. Auf das fertige Dach nagelt man Dachpappe.
Wichtig ist, dass das Dach abnehmbar ist, um das Futterbrett jederzeit reinigen und Futter aufstreuen zu können. Werden Haltebleche verwendet, sollten diese rostfrei sein. Eine Imprägnierung des Futterhauses ist gründlich zu überlegen und bezüglich der Mittel der Rat eines Fachmannes einzuholen.
Von diesem Futterhaus ist über den Fachhandel auch eine Silo-Version erhältlich.

Schüler am Kleinen Hessischen Futterhaus.

Sie benötigen

- Bretter 20 mm stark, Leisten 40 mm stark
- Handsäge
- Hammer
- Beißzange
- Zollstock, Winkelmaß
- Handbohrer und Hand-Bohrmaschine mit verschieden starken Bohreinsätzen
- Holzschrauben; sie sollten in der Länge das Doppelte der Brettstärke haben
- Schraubenzieher, verschiedene Größen
- Teer- bzw. Dachpappe als Abdeckung und Witterungsschutz
- Breitkopfnägel, etwa 10 mm lang, zum Aufnageln der Dachpappe
- Sicherheitsglas oder durchsichtige, stabile Folie
- gegebenenfalls Haltebleche

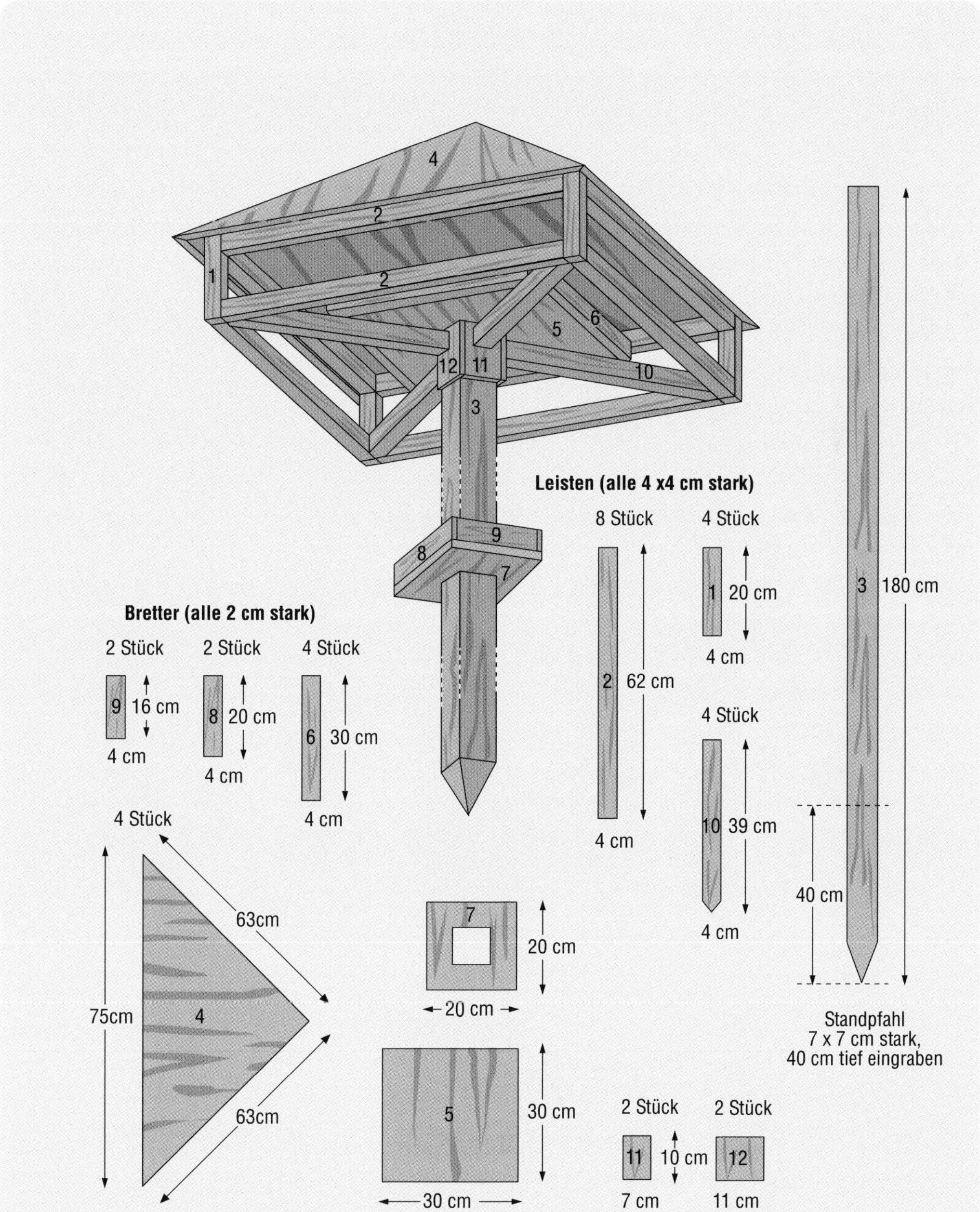

4
2
2
1
5
6
12
11
10
3
9
8
7
Leisten (alle 4 x4 cm stark)
8 Stück
2
62 cm
4 cm
4 Stück
1
20 cm
4 cm
4 Stück
10
39 cm
4 cm
3
180 cm
40 cm
Standpfahl
7 x 7 cm stark,
40 cm tief eingraben
Bretter (alle 2 cm stark)
2 Stück
9
16 cm
4 cm
2 Stück
8
20 cm
4 cm
4 Stück
6
30 cm
4 cm
4 Stück
63cm
75cm
4
63cm
7
20 cm
20 cm
5
30 cm
30 cm
2 Stück
11
10 cm
7 cm
2 Stück
12
11 cm

Das Holz-Futtersilo

Der Bauplan wirkt zunächst kompliziert. Wenn man jedoch die Einzelteile aus einem 15 mm dicken Brett gesägt hat, bereitet das Zusammenbauen keinerlei Schwierigkeiten. Verwenden kann man jede Holzart, doch garantiert Hartholz eine längere Haltbarkeit; gehobelt sollte das Brett sein. Die Größenausführung kann nach eigenem Ermessen abgewandelt werden.

Die ausgesägten Einzelteile nummeriert man mit einem Bleistift nach der vorgegebenen Zeichnung des kompletten Silos; das erleichtert das Zusammensetzen. Um das Durchnässen des Bodenbrettchens (6) zu verhindern, nagelt man dieses ca. 1 cm erhöht an die Außenwände (1+2).

Die beiden Schnittflächen der Rückwand (8) und jene vom Rutschbrettchen (9) schrägt man ab.

Beim Einbau des Rutschbrettchens (9) im Silo achtet man darauf, dass die Unterkante vom Boden (6) und von der Rückwand (8) einen Abstand von ca. 20 mm hat. Man richtet den Vorderrand des Bodenbrettchens (6) so ein, dass ein etwa 25 mm breiter Spalt für die Aufnahme des Futters entsteht; so rutschen auch größere Körner hindurch. Das Sitzbrettchen (7) nagelt man so auf das Bodenbrettchen, dass die Oberkante etwa 6 mm höher ist als die untere Rutschbrettkante.

Das Dach wird mit zwei Scharnieren an der Hinterwand befestigt, sodass man es zum Befüllen des Silos aufklappen kann, und an der Vorderseite mit einem Haken gesichert ist. Nicht bei Regen oder Schneefall füllen (Zusammenkleben der Futterkörner).

Mittels einer Halteleiste (darauf achten, dass sich das Dach öffnen lässt!) kann man das Silo an einem Baum oder an einer Hauswand anbringen, hoch genug, für Katze und Marder unerreichbar.

Auch das frei schwebende Silo hat sich in der Praxis bewährt. In diesem Fall bringt man als Aufhängevorrichtung in gleicher Höhe an den Außenwänden je 2 Ringschrauben an, die nebeneinander mit einem Abstand von ca. 3 cm eingeschraubt werden. Dadurch wird das Abkippen des Silos rück- oder vorwärts vermieden.

Sie benötigen

- Bretter gehobelt
- Handsäge
- Hammer, Beißzange
- Zollstock, Winkelmaß
- Handbohrer und Hand-Bohrmaschine
- Holzschrauben; sie sollten in der Länge das Doppelte der Brettstärke haben
- Schraubenzieher, verschiedene Größen
- Teer- bzw. Dachpappe als Abdeckung und Witterungsschutz
- Breitkopfnägel, etwa 10 mm lang, zum Aufnageln der Dachpappe
- 2 Scharniere, Haken und Ösen

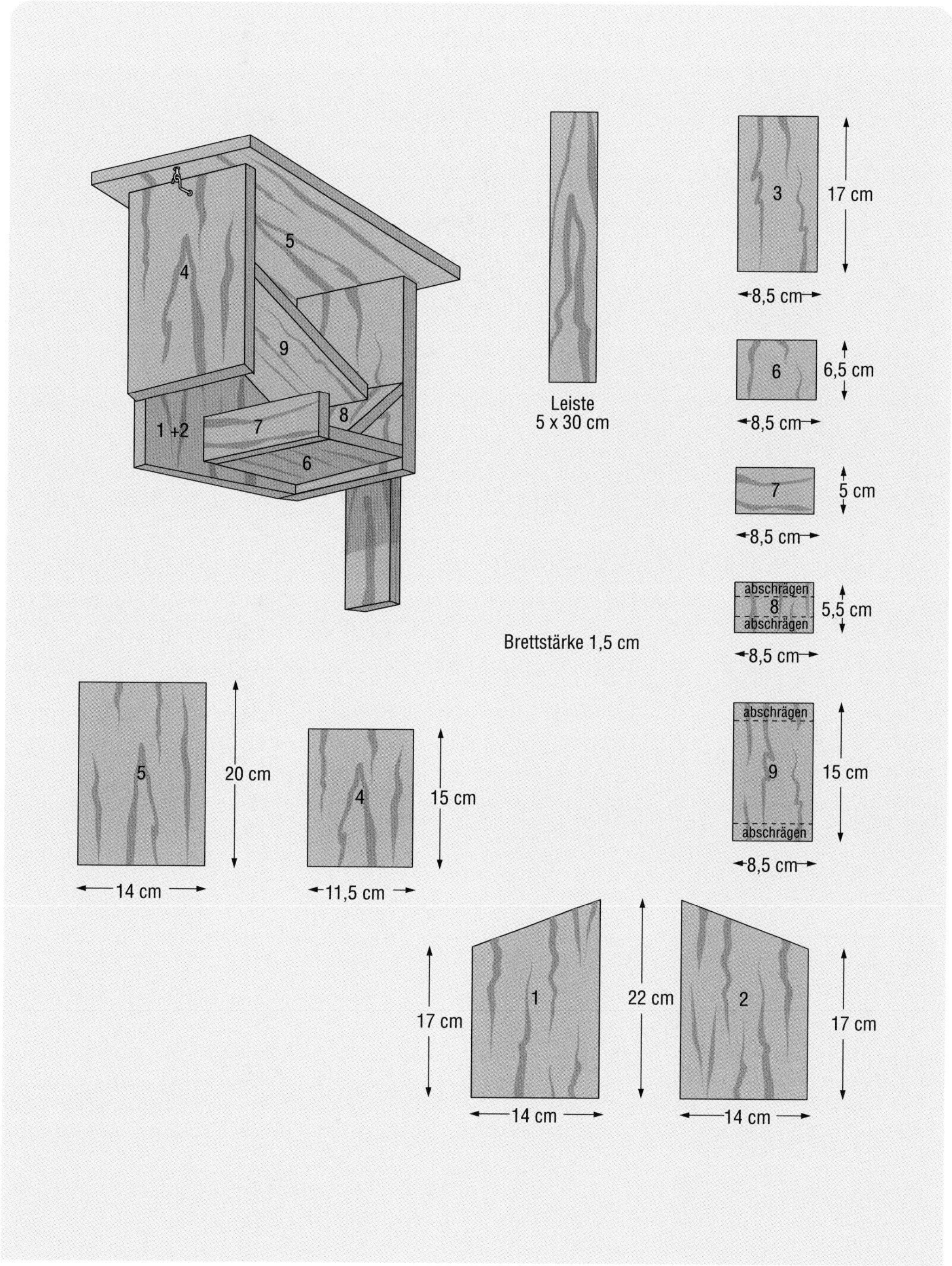
5
4
9
8
1 +2
7
6
Leiste
5 x 30 cm
3
17 cm
8,5 cm
6
6,5 cm
8,5 cm
7
5 cm
8,5 cm
abschrägen
8
abschrägen
5,5 cm
8,5 cm
Brettstärke 1,5 cm
5
20 cm
14 cm
4
15 cm
11,5 cm
abschrägen
9
abschrägen
15 cm
8,5 cm
1
17 cm
14 cm
22 cm
2
17 cm
14 cm

Vogel-Bar

Wichtig bei diesem offenen Futterhaus ist, dass das Futter nicht nass wird. Das Dach sollte also deutlich größer sein als die Futter-Bar. Auch muss ein solches Modell häufiger gründlich gereinigt werden als z. B. ein Futtersilo, um Infektionen vorzubeugen.

Fertig bemalte Vogel-Bar. Die Maße können variiert werden. Es ist empfehlenswert, das Dach größer als auf der Abbildung zu wählen und den Futterbehälter proportional kleiner zu machen, damit das Futter nicht nass wird (vgl. Bauanleitung S. 99).

Sie benötigen

- Bretter, etwa 1,5 cm dick; einmal 20 cm breit, einmal 25 cm breit
- Eine Holzleiste, 1 cm dick, 4 cm breit, etwa 60 cm lang
- Ein gut daumendickes Ästchen, z. B. von Esche oder Haselnuss.
- Ein Stück Eckschutzleiste, 35 cm lang, Kantenlänge 4 cm
- Schrauben, 3,5 × 30 mm
- Schrauben, 3 × 25 mm
- Ein paar Nägel, etwa 15 mm lang.
- Holzleim
- Ein Stück Draht oder starke Schnur
- Stichsäge oder Fuchsschwanz
- Holzraspel
- Schraubenzieher
- Zollstock, Winkelmaß

Schritt-für-Schritt-Anleitung

- Von den Brettern die drei Stücke gemäß Plan zusägen.
- Die zwei 20 cm breiten Brettchen – der Boden und die Rückwand des Futterhäuschens – an den Längskanten mit zwei längeren Schrauben aneinanderschrauben. Das Ganze erinnert jetzt an eine Buchstütze.
- Nun kommt der Futterbehälter dran: Von der Leiste zwei jeweils 10 cm lange Stücke und ein 13 cm langes Stück absägen. Die

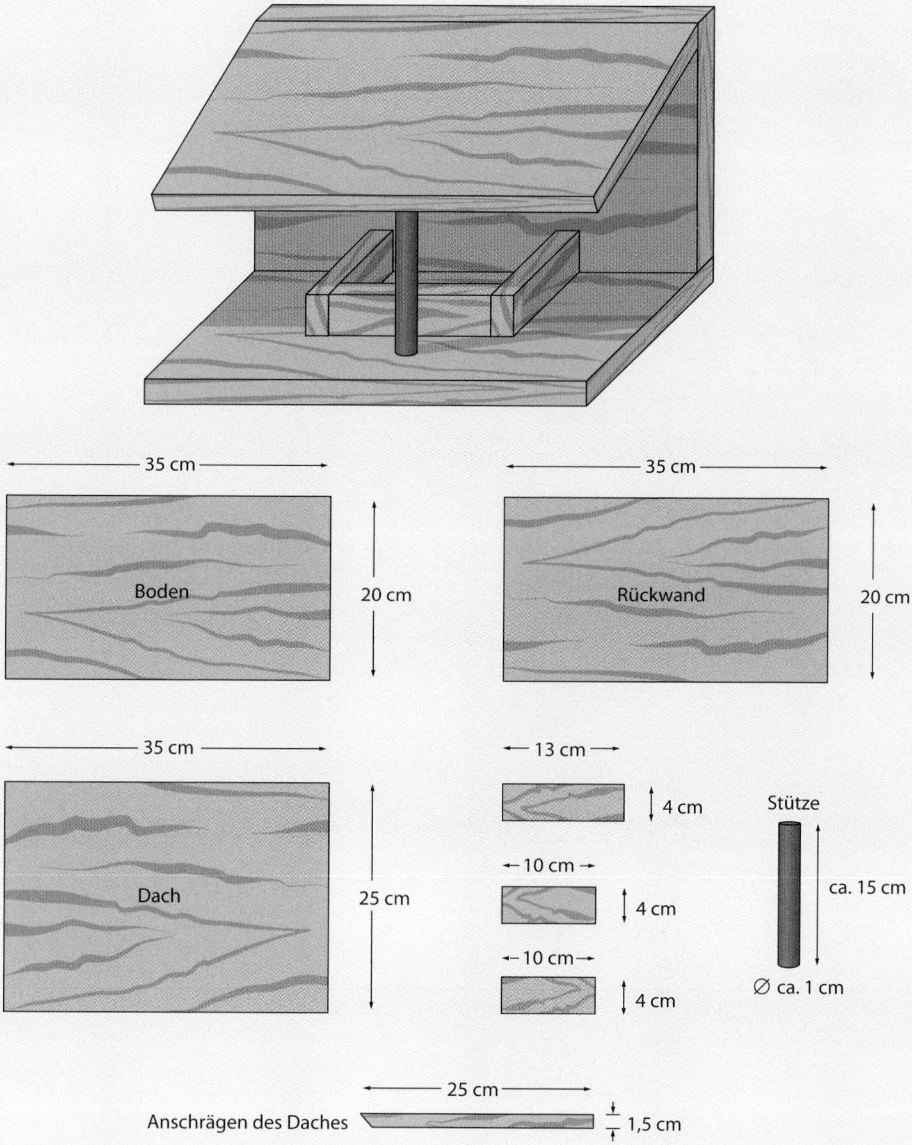
35 cm
Boden
20 cm
35 cm
Rückwand
20 cm
35 cm
Dach
25 cm
13 cm
4 cm
10 cm
4 cm
10 cm
4 cm
Stütze
ca. 15 cm
∅ ca. 1 cm
25 cm
Anschrägen des Daches
1,5 cm

drei Leistenstücke in U-Form mit den kürzeren Schrauben so zusammenfügen, dass das längere Leistenstück in der Mitte sitzt und die beiden kürzeren an beiden Seiten rechtwinklig anschließen.

- Anschließend den Futterbehälter so an das Bodenbrett schrauben, dass er an der Rückwand anstößt; die Schrauben dabei von unten durchs Bodenbrett führen. Einfacher ist es, ihn anzuleimen (das setzt allerdings ziemlich exaktes Arbeiten voraus).
- Jetzt ist die Markise an der Reihe: Das dritte, breitere Brettchen an der Längskante mit der Raspel etwas anschrägen (etwa wie auf der Skizze rechts dargestellt) und mit dieser angeschrägten Kante an die Oberkante der Rückwand anschrauben.

Die zusammengezimmerte Vogel-Bar wird anschließend attraktiv bemalt. Eine mögliche Ausführung zeigt die Abbildung Seite 98.

- Als Stützpfeiler für die Markise ein Stück von dem Ästchen absägen. Damit der Pfeiler gut sitzt, muss das obere Ende des Ästchens so angeschrägt werden, dass es sich der Neigung der Markise anpasst. Das Ästchen an Markise und Boden anschrauben.
- Von der Eckschutzleiste ein 35 cm langes Stück absägen, über Markise und Rückwand legen und an der Markise mit ein paar kleinen Nägeln befestigen.
- Zum Schluss das übriggebliebene Stück der Leiste senkrecht und genau in die Mitte der Rückwand anschrauben.
  Am oberen Ende ein Loch in die Leiste bohren und ein Stück Draht oder Schnur als Aufhänger durchziehen.
- Jetzt muss der fertige Rohbau nur noch bemalt werden. Zum Beispiel mit einem Streifenmuster für die Markise, einer »Ziegelmauer« als Rückwand und »Kopfsteinpflaster« für den Boden.
- Die verwendete Farbe sollte wetterfest sein. Oder man versiegelt die bemalte Oberfläche mit einem wetterbeständigen Lack. Bitte darauf achten, dass die verwendeten Farben und Lacke nicht giftig sind, also unschädlich für die Vögel.

(Fortsetzung von S. 93)

Auf diese einfache, unkomplizierte Weise bastelte ich mit Schülern noch viele Futterhäuser, die wir alten Leuten schenkten, die sich von ihrem Wohnzimmer aus am bunten Treiben der Wintervögel erfreuten.
Für unsere Futter suchenden Vögel ist es unbedeutend, ob das köstliche Futter in einem »Superhaus« angeboten wird oder in einem einfachen, das der Zweitklässler gebastelt hat und das zudem nicht viel Geld kostete. Trockenes Futter an wind- und schneegeschütztem Platz ist alleine ausschlaggebend für eine gesunde Winterfütterung!

Gut gemeint, aber falsch: Das ausgelegte Futter ist dem Regen und dem Schnee ausgesetzt.

Die Eulenschütte

Mäuse sind die Hauptnahrung unserer Eulen. Bei hoher Schneelage sind diese für die Eulen unerreichbar. Zwar werden in der Notzeit auch Kleinvögel geschlagen, aber bei anhaltender Winterwitterung entstehen für die Eulen Engpässe, die man mit einer »Eulenschütte« abseits von Haus und Hof überbrücken kann. Der Rat ortskundiger Ornithologen und ihre Mitarbeit sind die besten Voraussetzungen zum Gelingen der Eulenfütterung.
Welcher Eulenart helfen wir wo? Die Schütte für Waldohreule und Waldkauz entseht an windgeschützter Stelle im Wald. Ideale Plätze sind eingezäunte Kulturen, wo Störungen durch Spaziergänger und Wild ausgeschlossen sind. Die Schütte für Schleiereule und Steinkauz platziert man in einem stillen Gartenwinkel oder an einem Feldgehölz. An letzterem stellt sich am Tage auch der Turmfalke ein.
Die Konstruktion: In einem Rechteck werden Pfähle in die Erde geschlagen. In einer Höhe von etwa 50 cm wird ein Lattengerüst daraufgesetzt, auf dem eine regendichte Plane und eine Strohmatte befestigt werden. Im Abstand von ca. 1 m werden Strohballen auf dünne Leisten gelegt. Stroh und Rohrmatte kann man zusätzlich mit Fichtengrün bedecken.

Schütte für Waldohreule und Waldkauz in einem stillen Waldwinkel.

Unter das Dach schüttet man allerlei Sämereien, Getreidereste, Nüsse, Buchensamen u. a. und hält den Abstand zwischen Schütte und Stroh schneefrei. Wird die Schütte bereits im Herbst angelegt, werden sich unter dem Stroh Mäuse ansiedeln. Auf ihrem Wegstück vom Stroh zum begehrten Futter unter dem Dach werden sie von den Eulen erhascht. Es reicht nicht zum Sattwerden, hilft aber etwas über die schwere Zeit hinweg. Sorgt man zusätzlich für Sitzkrücken, das sind 3 m hohe Stangen mit einer Querleiste, erleichtert man den Eulen die Jagd.

Futtertisch zur Greifvogelfütterung, fuchs-, marder- und katzensicher.

Die Greifvogelfütterung

Im strengen Winter kommen auch unsere Greifvögel in Bedrängnis, vor allem jene, die sich überwiegend von Mäusen ernähren: Mäusebussard, Turmfalke und als nordischer Zuzügler vereinzelt auch Raufußbussard. Anhaltend lange, schneereiche Winter kosten vielen von ihnen das Leben.
Grundsätzlich sollte man eine Greifvogelfütterung in Zusammenarbeit mit Jägern, Förstern und Fachleuten aus den bekannten Naturschutzverbänden durchführen.
Auf so genannten Ludl- oder Luderplätzen werden ungesalzene Fleischabfälle, Schlachthofabfälle und verunglücktes Wild ausgelegt. Um sicher zu gehen, dass es nur den Gefiederten zugute kommt, baut man einen »Futtertisch« von 60 × 60 cm Größe und montiert diesen auf ein ca. 1,70 m hohes Gerüst oder auf einen Pfahl. Auch Baumfütterungen haben sich bewährt. Ruhe- und Ansitzwarten in Form von Sitzrücken werden gerne angenommen.

Die Wasservogelfütterung

Sie sollte ebenso kontrolliert durchgeführt werden wie die Greifvogel- und die Eulenfütterung!
In falschverstandener Tierliebe werden an Gewässern oft Küchenabfälle, Kuchen und Brote ausgelegt, Nahrung, die zu Darmerkrankungen bei Wasservögeln führt und das Wasser, vor allem in wenig tiefen Gewässern, verschmutzt und die Entstehung giftiger Bakterien begünstigt, bei Wassererwärmung z. B. Botulismus, eine tödliche Gefahr für Wassergeflügel.
Man füttert an geeigneter Stelle und in Absprache mit Verwaltung, Jagd und Forst

Getreidearten, getrocknetes, geschrotetes Weißbrot, Hirse, Haferflocken, und allerlei getrocknete Beeren, so vorhanden. Besser ist's weniger auszulegen als zu viel!
Raben- und Nebelkrähen, Elstern und Dohlen sowie Saatkrähen und Möwen sind im Winter besser gestellt als die anderen Überwinterer. Sie finden sich oft an Müllkippen, Teichen und Flüssen ein und sind dort nicht selten Nutznießer der Futtergaben.

Kohlmeise an einer Futterglocke.

Das Anfertigen einer Futterglocke

Einen Blumentopf gründlich waschen und trocknen. Man schneidet einen ca. 30 cm langen Stock. der knapp durch das Abflussloch im Topfboden passt. Damit der Stock nicht herausrutscht, sichert man ihn außen und innen mit einem Drahtstift oder Ring. Um ein Auslaufen des flüssigen Talges zu verhindern, tränkt man einen Wollfaden in Speiseöl und legt diesen eng um den Stock am inneren Topfboden.
Den Topf stellt man nun auf einen hohen Karton, durch dem man ein Loch bohrte, das den Stock aufnimmt. Nun erwärmt man bei schwacher Flamme den Rindertalg, dem man

a) Ein Stock wird durch das Bodenloch des Topfes gezogen. Die Abdichtung erfolgt mittels eines ölgetränkten Wollfadens.
b) Der Topf wird auf einen Karton gestellt, der Stock durch ein Loch gedrückt, dann die Futtermischung eingefüllt.
c) Aufhängen der fertigen Glocke an einem Zweig.

Das Fett-Kleie-Gemisch ist eine wertvolle Winternahrung und kann ohne Aufwand hergestellt und in eine Form gegossen werden – auch mit nahrhaften Sonnenblumenkernen.

Kleie, Haferflocken und zum Anlocken der Gefiederten ein paar getrocknete Beeren hinzu gibt. Man achte darauf, dass das Fett nicht aufkocht. Im Verhältnis 1:1 (Talg zu Kleie-Beeren-Gemisch) entsteht das beste und gesündeste Winterfutter für unsere Wintergäste!
Behutsam eingießen und nach erkalten des Gemisches die Futterglocke im Garten an einen Zweig hängen, zum Schutz vor Schnee und Regen unter dichtem Gezweig, möglichst katzensicher. Ein buntes Vogelvolk wird sich daran laben.
Reste des Fett-Kleie-Gemisches drückt man in Rindenrisse der Gartenbäume; eine willkommene Futtergabe für die emsigen Baumläufer und Spechte.

Kontrolle und Pflege

Unsere Vögel sollen gesund über den Winter kommen und das verpflichtet uns, sauber zu füttern! Erstes Gebot ist, die Futterfläche des Futterhauses stets sauber zu halten und täglich zu kontrollieren. Altes Futter und Futterreste werden entfernt, bevor man frisches Futter ausstreut.
Erkennt man mittwinters, im Januar oder Februar, auf der Futterfläche breiigen oder flüssigen Vogelkot, muss die Fütterung sofort eingestellt werden, Salmonellengefahr! Man säubert die Futterfläche gründlich. Vor allem Durchzügler unter den Futterbesuchern bringen Krankheitserreger mit. Über ihren Kot infizieren sich andere Vögel.

Seltene Wintergäste am Futterhaus

Oft als »Invasionsvögel« stellen sich Bergfinken und Seidenschwänze in kalten und schneereichen Wintern bei uns ein. Nahrungsmangel in ihren Brutgebieten, den Nadelwäldern Nordeuropas und Sibiriens, veranlasst sie zur großen Wanderung, der sich auch noch andere Arten anschließen; die Rotdrossel, die kleinste aller Drosseln, gehört dazu. Während die großen Schwärme der Bergfinken in den Buchenwäldern einfallen, um sich dort an den ölhaltigen Bucheckern zu laben, begnügen die farbenprächtigen Seidenschwänze sich mit den Beeren- und Obstresten in unseren Hecken und Bäumen. Ein Glück für alle Vogelfreunde, dass sie dabei recht zutraulich sind und nicht einmal die Nähe des Menschen scheuen. Die Rotdrosseln gesellen sich oft zu den Amseln und erscheinen mit diesen am Fallobst, das sie aus dem Laub scharren.

Wagen sich kleine Schwärme der Bergfinken an das Futterhaus, so ist die Futterfläche in kurzer Zeit leer gefressen. Bevor man aber wieder Futter ausstreut, sollte man die Fläche gründlich vom Vogelkot säubern; große Vogelansammlungen können Krankheitserreger mit herantragen.

Vielleicht verlassen auch umherzigeunernde Fichtenkreuzschnäbel den Nadelwald in der Nähe und stellen sich an der Fütterung ein, wo sie auf Sonnenblumenkerne hoffen. Mit dem Eichelhäher erscheint bisweilen sein dunkelbrauner, weiß betupfter Vetter, der Tannenhäher; auch seine Leibspeise sind ölhaltige Körner und Piniensamen.

Auf der Suche nach sättigender Nahrung kennt das bunte Vogelvolk keine Entfernungen und keine Hindernisse und erfreut den Vogelfreund inmitten der Stadt ebenso wie jenen im Park oder im Wald.

Mit einfachen Mitteln kann man Vögeln im Winter helfen: Buntspecht-Weibchen an Kokosnuss.

Der Seidenschwanz – in »Invasionsjahren« eine imposante Erscheinung am Futterhaus.

Arbeitsplaner: Vogelschutz im Jahreslauf

Januar	Wir achten auf eine saubere Winterfütterung! Die Futterfläche des Futterhäuschens säubern wir wöchentlich, entfernen Futterreste. Schmieriger Kot weist auf Darmerkrankungen hin (Salmonellen). Durchziehende Finkenvögel übertragen mitunter Krankheiten.
Februar	Wir bauen Nistkästen für Höhlen- und Halbhöhlenbrüter. Ende des Monats sollten sie im Garten aufgehängt werden; die Vögel sind auf Wohnungssuche. Fluglochrichtung Ost-Südost. Morgensonne erwärmt den Nistkasten, heizt ihn nicht auf wie die Nachmittagssonne. Die Singdrosseln kehren aus dem Winterquartier zurück, besuchen unser Futterhaus (Fettfutter!).
März	Wir kontrollieren Anfang März die Nistkästen, entfernen Winterkot der in den Kästen nachts darin schlafenden Vögel. Hausrotschwanz und Bachstelze kehren in ihre Brutgebiete zurück; viele Rotkehlchen haben bei uns überwintert.
April	Wir binden Nisttaschen und Nistbüschel aus Fichtenreisig an freistehende Bäume für Amsel, Singdrossel, Grünling, Zaunkönig und Rotkehlchen. Gewölbte Rinden mit versetzten Einflugschlitzen befestigen wir an Baum oder Zaunpfahl. Letzte Heckenpflanzung im Garten. Vogelbad und Tränke säubern und mit Frischwasser versorgen.
Mai	Brutzeit! Die meisten Höhlenbrüter haben jetzt volle Gelege. Die »Spätheimkehrer« Trauer- und Halsbandschnäpper suchen freie Nistkästen vergeblich, alle besetzt. Wir helfen durch Aufhängen zusätzlicher Nisthöhlen.
Juni	Vogelbad und Tränke täglich mit Frischwasser versorgen. Es ist Jungvogelzeit. Erhöhte Aufmerksamkeit im Garten; Elster, Krähe, Eichelhäher und Katze suchen leichte Beute; ausfliegende Jungvögel sind in Gefahr. Nistkasten-Zwischenkontrolle. Wir entfernen Nestanfänge von Wespe und Hornisse; Insekten aber nicht töten.

Arbeitsplaner: Vogelschutz im Jahreslauf

Juli	Jungvögel überall! Aufmerksamkeit im Garten. Nach Futter gierende Jungvögel locken Feinde an. Bei nasskaltem Wetter, so bei Dauerregen, halten wir im Futterhaus kleine Futtergaben bereit; das steht nicht gegen den Naturschutz! Nistkasten-Zwischenkontrolle; verendete Vogelbruten samt Nest entfernen.
August	Intensive Beobachtungszeit! Wie viele Jungvögel der verschiedenen Arten verließen die Nistkästen? Welche jungen Freibrüter verlassen ihr sicheres Nest? Täglich Vogelbad und Tränke mit Frischwasser versorgen.
September	Wir pflücken reife Beeren und Früchte als Vorbereitung zur Winterfütterung. Hagebutten, Pfaffenhütchen, Weißdorn und Berberitze zum Trocknen auf einem Tisch in luftigen Raum auslegen. Bucheckern und Haselnüsse sammeln.
Oktober	Wir reinigen die Nistkästen. Ergebnisse in Kontrollbuch eintragen. Verlassene Gelege und gut erhaltene Nester verwahren wir in unserer Tierzeichensammlung oder geben sie als Anschauungsmaterial den örtlichen Schulen.
November	Die Geräte für die Winterfütterung, Futterhäuschen, Silos und Zubehör werden überprüft. Die ersten Futterglocken (Fett-Kleiegemisch!) werden gegossen und kalt gelagert. Fett ist eine wichtige Nahrungsgrundlage für die gesunde Winterfütterung. Die im Herbst gesammelten Beeren werden geschrotet und der Fettmischung beigegeben – ein willkommenes Futter für alle Gartenvögel!
Dezember	Zur Winterfütterung nur einwandfreies, frisches Futter verwenden! Achtung, oft ist altes, z. T. schimmeliges Futter im Handel! Bei der Winterfütterung vergessen wir die Weichfresser nicht. Während die meisten Vögel Körnerfutter verzehren, sind Rotkehlchen, Heckenbraunelle, Zaunkönig, Baumläufer und Drosseln auf weiches Futter (Fett, gemahlene Nüsse und zerdrückte Rosinen) angewiesen. Amseln legen wir Äpfel aus. Futterstellen auf Sauberkeit kontrollieren!

Stichwortverzeichnis

Im Vogelschutz engagierte Vereine

ALA, Schweizerische Gesellschaft für Vogelkunde und Vogelschutz, Zürich

Institut für Vogelforschung »Vogelwarte Helgoland«, Wilhelmshaven

Landesbund für Vogelschutz (LBV), Hilpoltstein

Naturschutzbund Deutschland (NABU), Bonn

Österreichische Gesellschaft für Vogelkunde, Wien

Schweizer Vogelschutz SVS, Zürich

Schweizerische Vogelwarte, Sempach

Schweizerisches Landeskomitee für Vogelschutz (SLKV), Bachs

Staatliche Vogelschutzwarte Bayern, Garmisch-Partenkirchen

Staatliche Vogelschutzwarte Brandenburg, Schenkenberg

Staatliche Vogelschutzwarte Hamburg, Hamburg

Staatliche Vogelschutzwarte für Hessen, Rheinland-Pfalz und Saarland, Frankfurt

Staatliche Vogelschutzwarte Niedersachsen, Hannover

Staatliche Vogelschutzwarte Nordrhein-Westfalen, Recklinghausen

Staatliche Vogelschutzwarte Sachsen-Anhalt, Steckby

Staatliche Vogelschutzwarte Schleswig-Holstein, Kiel

Staatliche Vogelschutzwarte Thüringen, Seebach

Vogelwarte Hiddensee, Kloster/Hiddensee

Vogelwarte Radolfzell, Radolfzell

Bezugsquellen

Alle Nistkastentypen sind in Holz- und Holzbetonausführung auch über den Fachhandel oder direkt beim Hersteller zu beziehen.

Emba Vogelschutzbau
Schnurgasse 17, 74653 Künzelsau

Karl Grund, Vogelschutzgeräte
Herzog-Ludwig-Straße 24, 93333 Neustadt/Donau

Karl Schwegler, Vogelschutzgeräte
Heinkelstraße 35, 73814 Schorndorf/Württemberg

Literatur

BEZZEL, E.: Vögel beobachten. BLV Buchverlag, München, 2002

BEZZEL, E.: Das BLV Handbuch Vögel. Alle Brutvögel Mitteleuropas. BLV Buchverlag, München, 2013

BEZZEL, E.: Vögel treffsicher bestimmen in drei Schritten. BLV Buchverlag, München, 2012

BUSCH, H.-M.: Vögel in Garten und Park. BLV Buchverlag, München, 2011

DELIN, H. & SVENSSON, L.: Der große BLV Vogelführer für unterwegs. BLV Buchverlag, München, 2008

HENZE, O.: Kontrollbuch für Vogelnistkästen in Wald und Garten. Selbstverlag, Überlingen, 1982

LOHMANN, M.: Die Kinderstube der Vögel. BLV Buchverlag, München, 2000

LOHMANN, M.: Vögel am Futterhaus. BLV Buchverlag, München, 2011

LOHMANN, M. & ROCHÉ, J. C.: Singvögel; mit CD. BLV Buchverlag, München, 2012

OFTRING, B.: Der Naturgarten. BLV Buchverlag, München, 2013

Über den Autor

Eberhard Gabler ist ausgebildeter Gärtner und passionierter Vogelschützer. Er war über 30 Jahre lang Leiter des Vogelschutz- & Naturschutzzentrums Sindelfingen und erhielt mehrere Auszeichnungen, darunter 1988 und 1990 den »Europäischen Umweltpreis«. Er schreibt und illustriert Bücher im Jagd- und Naturbereich und veröffentlicht Beiträge in deutschen wie österreichischen Jagdzeitschriften; sein Schwerpunktthema ist die Ornithologie.

Bibliographische Information der Deutschen Nationalbibliothek

Die Deutsche Nationalbibliothek verzeichnet diese Publikation in der Deutschen Nationalbibliografie; detaillierte bibliografische Daten sind im Internet über http://dnb.d-nb.de abrufbar.

4., durchgesehene Auflage, Neuausgabe

BLV Buchverlag GmbH & Co. KG

80797 München

Bildnachweis:

Danegger: 17, 67u, 75l, 84, 92l
Flora Press/The Garden Collection/FLPA: 2/3
Gabler: 9, 19u, 21, 22, 23, 27u, 28, 53, 55, 57o, 58, 65o, 67o, 69ul, 69ur, 72u, 77u, 80o, 82o, 85u, 94, 101u, 102
Gross: 24o, 46, 73ro
Hecker: 14/15, 30, 34l, 48, 52, 71, 74o, 75r, 81o, 90
Lieckfeld: 98, 100
Limbrunner: 1, 29u, 57u, 85o, 103o, 105
Mauritius/Alamy: 5
Pforr: 6/7, 11, 19l, 25o, 38, 56, 61, 64r, 68, 74u, 78o, 79o, 86/87, 89, 92r
Rolfes: 62/63, 81u
Sauer/Hecker: 42
Schmidt: 40, 70r, 72o, 73u, 76, 77o, 79u, 88
Schwegler: 25u, 26
Synatzschke: 78u
Wothe: 18, 20, 34r, 36, 66l, 80u, 82u, 83, 91, 101o
www.grugapark.de/Grugapark Essen, Fotograf: Martin Gülpen: 104
Zeininger: 32, 60, 64l, 65u, 66r, 69o, 70l, 73l

Grafiken:
Eberhard Gabler: 19r, 54, 59, 103u
Marlene Passet: 27o
Computergrafik Jörg Mair, nach Vorlagen des Autors: 24u, 29o, 31, 33, 35, 37, 39, 41, 43, 45, 47, 49, 51, 93, 95, 97, 99

Die Bauanleitungen von S. 50–52 und 98–100 stammen von Frau Veronika Lieckfeld.

Umschlagkonzeption: Kochan & Partner, München
Umschlagfotos: Vorderseite: Hecker;
Rückseite: Mair

Lektorat: Dr. Friedrich Kögel
Herstellung: Hermann Maxant
DTP: Satz+Layout Peter Fruth GmbH, München

Gedruckt auf chlorfrei gebleichtem Papier

Printed in Germany
ISBN 978-3-8354-1295-8